建筑工人职业技能培训系列教材

建筑工程基础知识

主　编　李　林　张治成

副主编　王志刚　李月娟

参　编　尚　昱　申　颖　梁战枝

主　审　常传立

中国环境出版集团·北京

图书在版编目（CIP）数据

建筑工程基础知识/李林主编．—修订本．—北京：中国环境出版集团，2018.5（2023.6 重印）

建筑工人职业技能培训系列教材

ISBN 978-7-5111-3647-3

I. ①建…　II. ①李…　III. ①建筑工程－技术培训－教材　IV. ①TU

中国版本图书馆 CIP 数据核字（2018）第 088617 号

出 版 人	武德凯	
策划编辑	陶克菲	
责任编辑	易　萌	
责任校对	尹　芳	
封面设计	彭　杉	

出版发行　**中国环境出版集团**

（100062　北京市东城区广渠门内大街 16 号）

网　　址：http：//www.cesp.com.cn

电子邮箱：bjgl@cesp.com.cn

联系电话：010-67112765（编辑管理部）

　　　　　010-67112739（第三分社）

发行热线：010-67125803，010-67113405（传真）

印　　刷	北京市联华印刷厂	
经　　销	各地新华书店	
版　　次	2018 年 5 月第 1 版	
印　　次	2023 年 6 月第 10 次印刷	
开　　本	850×1168　1/32	
印　　张	4.375	
字　　数	115 千字	
定　　价	12.50 元	

建筑工人职业技能培训系列教材

编审委员会

建筑工人职业技能培训系列教材

出版说明

　　为推动我省工人职业培训和职业技能鉴定工作的开展，不断提高建筑工人的素质和技能水平，切实完成住房和城乡建设部——"到 2016 年底，一级资质及以上的建筑施工企业实现自有工人全员培训、持证上岗，到 2020 年，实现全行业建筑工人全员培训，持证上岗"的总体目标，为我省建筑业的做大做强奠定基础。河南省建设教育协会、河南省建设行业劳动管理协会牵头成立了"建筑工人职业技能培训教材编写委员会"，抽调省内部分建设类专业院校的专家、教授参与教材编写，并组织了全省建筑施工企业的高级技师参与教材大纲的讨论，落实编写任务。在编写委员会和各位参编专家的共同努力下，该系列教材如期顺利完成。

　　全套教材共 19 本，涵盖 9 个工种：模板工、混凝土工、木工、防水工、抹灰工、油漆工、管道工、钢筋工和砌筑工，并编写了《建筑工程基础知识》作为通用教材，每个工种分为初级工、中级工一本，高级工、技师一本。教材以中华人民共和国颁布的最新"职业技能标准"和"法律法规"为依据，突出了"以职业活动为导向，以职业能力为核心"的指导思想，紧扣建筑行业对各工种技能的要求，注重建筑工人基本技能的培养和对质量标准的掌握。书中运用了大量工程图例，图文并茂，易于掌握。力求理论与实践相结合，具有较强的实用性。

　　本系列培训教材是建筑工人岗位职业技能鉴定考试培训用书，也可作为相关从业人员的自学辅导用书或建设类专业职业院校学生的学习参考用书。

　　本系列培训教材的编撰者为建设行业相关院校的教师、建筑施工企业及技能鉴定站的行业专家，在此一并表示感谢！

　　由于成书时间仓促，不足之处难免，欢迎读者提出宝贵意见。

河南省建筑工人职业技能培训系列教材编审委员会

前　言

　　房屋建筑工程基础知识是一门综合性很强的专业知识课程。为增强从业者职业能力，培养高技能、高素质的专业技能员工，使从业者经过培训和考核，达到合格要求，可以持证上岗，本教材着力提高从业者职业技能，以适应社会和企业发展的需求。在教学内容、课程体系和编写风格上着重贯彻以下几点：

　　1. 实用性。理论与实务的有机结合，以岗位所需知识和能力为主线，保证教材内容的完整和实用。

　　2. 新颖性。全新的体系和全新的编制理念，打破了传统的模式，采用最新的标准、规范和规程，内容具有先进性和新颖性。

　　3. 可操作性强。本书侧重于应用能力的培养，列举了大量工程图例，具有较强的实用性，并且结合能力目标，以必需、够用为原则。

　　4. 综合性强。本书的内容包括建筑材料、房屋建筑识图与构造、建筑力学与结构等，使从业者经过培训后即可满足工程实际岗位的需要。

　　本教材由河南建筑职业技术学院李林编写 1.1 节、1.2 节、2.1 节，河南建筑职业技术学院李月娟编写 1.3 节、1.4 节、1.5 节，郑州豫通建设工程有限公司王志刚编写 2.2 节、2.3 节、2.4 节，河南建筑职业技术学院尚昱编写 2.5 节、2.6 节、2.7 节，河南建筑职业技术学院申颖编写第 3 章，河南建筑职业技术学院梁战枝编写第 4 章，河南五建建设集团有限公司常传立审核。编写过程中参考了许多专家、学者的研究成果，同时注意吸收相关建筑领域的最新前沿动态，这些珍贵的资料一并作为参考文献附于教材后。在此，我们全体编者对这些专家和学者的指导和帮助致以衷心的感谢。

　　由于编者水平所限，教材中难免有不足和疏漏，敬请广大读者批评指正。

编者

目　录
contents

第 1 章
建筑材料

建筑材料是指用于建筑工程的一切材料及其制品的总称。建筑材料种类繁多，通常是按材料的化学成分或使用功能分类。

按建筑材料的化学成分不同，可分为无机材料、有机材料及复合材料三大类。

按建筑材料在建筑物中的部位和使用功能不同，可分为结构用材料、围护用材料和功能性材料等。

1.1 胶凝材料

工程建设中，常把在一定条件下，经过自身一系列物理、化学作用后，能将散粒状、块状或纤维状等材料黏结成为整体，并具有一定强度的材料，统称为胶凝材料。

胶凝材料根据化学成分不同分为无机胶凝材料和有机胶凝材料两大类。无机胶凝材料又按其硬化条件不同分为气硬性无机胶凝材料和水硬性无机胶凝材料两大类。

气硬性无机胶凝材料是指只能在空气中凝结硬化，也只能在空气中保持和发展其强度的一类胶凝性材料，如石灰、石膏等。

水硬性无机胶凝材料是指不但能在空气中凝结和硬化，而且能够更好地在水中保持和发展其强度的一类胶凝性材料，如各种水泥。

1.1.1 气硬性无机胶凝材料

1. 石灰

石灰是在工程建设中最早使用的气硬性无机胶凝性材料之一。因其原料分布广泛，生产工艺简单，成本低廉，使用方便，所以一直被广泛地应用在工程建设中。

工程建设中所使用的石灰品种有生石灰块、生石灰粉、熟石灰膏和熟石灰粉。

在使用石灰时，应当特别注意的问题有：

（1）熟石灰的陈伏。生石灰是煅烧石灰石（主要成分 $CaCO_3$）而得到的建筑材料。石灰石的理论分解温度为 900℃，还有其他生产因素的影响，实际生产温度一般为 1000℃ 左右。若煅烧温度过低或时间不足，会使生石灰中残留有未分解的碳酸钙，称为欠火石灰，欠火石灰中氧化钙含量低，降低了其质量等级和石灰的利用率；若煅烧温度过高或煅烧时间过长，会出现过火石灰。过火石灰质地密实，表面常包裹着一种釉状的物质，所以，熟化十分缓慢，甚至影响工程质量。为了消除这种危害，生石灰在使用前应提前熟化，并使灰浆在灰坑中储存 7d 以上（过 3mm 的筛网），以使石灰得到充分熟化，这一过程称为"陈伏"。陈伏期间，应在其表面保存一定厚度的覆盖层（如 2cm 的水层），以防止熟石灰碳化而失效。

（2）石灰的质量。根据建设行业标准，将生石灰块、生石灰粉、熟石灰粉这些类别的建筑石灰分别划分为优等品、一等品、合格品三个质量等级。使用前，可委托具有资质的检测单位检验石灰的质量等级，以便选择可否用于相应的建筑工程。

（3）石灰的特性。

1）可塑性好、保水性好，所以方便工人操作，能够容易成型。

2）吸湿性强，可以用在居室，有调节室内温度和湿度的作用。

3）凝结硬化慢，强度低，不得用于施工进度要求快的工程，否则应采取相应措施。

4）硬化时体积收缩大，由此，石灰不能单独使用，一般为避免其产生的收缩裂缝，常在石灰中掺入纸筋、麻刀或玻璃纤维等材料。

5）耐水性差，不得用于有耐水、防潮要求及潮湿的地方。

（4）石灰的应用。石灰可以配制石灰砂浆和石灰乳涂料、配制灰土和三合土、制作碳化石灰板、制作硅酸盐制品，以及配制无熟料水泥。

（5）石灰的储存。块状生石灰放置太久，会吸收空气中的水分消化成消石灰粉，然后再与空气中二氧化碳作用形成碳酸钙，而失去胶凝能力。所以，储存生石灰，不但要防止受潮，而且不宜久存。另外，生石灰熟化时要产生大量的热，因此，石灰在储运时应做好防火、防燃。

2. 建筑石膏

在工程建设中，石膏类材料使用最多的是建筑石膏，其次是模型石膏。此外，还有高强石膏、无水石膏和地板石膏等。本部分主要介绍建筑石膏。

在使用建筑石膏时，应当注意的问题有：

（1）建筑石膏的质量要求。建筑石膏的密度为 $2.60 \sim 2.75 \text{g/cm}^3$，堆积密度为 $800 \sim 1100 \text{kg/m}^3$。建筑石膏的技术性质主要有细度、凝结时间和强度。按强度和细度的差别，建筑石膏划分为优等品、一等品和合格品三个质量等级。

（2）石膏的特性。

1）凝结硬化快，在使用时，为了调节凝结时间，可以掺入动物胶、硼砂等作为缓凝剂。

2）硬化时体积微膨胀，可以单独使用，并能使制品得到细腻、平整、光滑的表面。

3）孔隙率大，表观密度小，保温、吸声性能好，可以用于节能和吸声的工程中。

3

4）具有一定的调温调湿性，可以用于居室和有调温、调湿要求的环境中。

5）耐水性差、抗冻性差，不得用于有耐水和抗冻要求的环境或部位。

6）防火性好，可以用于有防火要求的部位，如吊顶等，但不得用于有耐火要求的环境。

（3）建筑石膏的用途。在建筑工程中，建筑石膏应用广泛，如作各种石膏板材、装饰制品、空心砌块、人造大理石及室内粉刷等。

（4）保管和储存。建筑石膏易受潮，凝结硬化快，因此在运输、贮存的过程中，应注意避免受潮及混入杂物。不同质量等级的石膏应分别储运，不得混杂。石膏一般贮存三个月后，强度下降30%左右。所以，建筑石膏贮存期为三个月，若超过三个月，应重新检验并确定其质量等级。

1.1.2 水泥

水泥呈粉末状，与适量的水混合后，经过一系列物理和化学变化由可塑性的浆体变成坚硬的人造石材，并能将砂、石等材料胶结成为整体，所以水泥是一种性能良好的胶凝性材料。就硬化条件而言，水泥浆体不但能在空气中硬化，还能更好地在水中硬化，保持并增长其强度，故水泥属于水硬性胶凝材料。

水泥按其主要化学成分不同有许多类别，如硅酸盐类水泥、铝酸盐类水泥、铁酸盐类水泥等。目前工程建设中使用较多的是硅酸盐类水泥。硅酸盐类水泥又可分为用于一般土木建筑工程的通用硅酸盐水泥，以及适应专门用途的专用水泥。目前在建设工程中使用较多的还是通用硅酸盐水泥，由于篇幅有限，本节仅介绍通用硅酸盐水泥。

1. 通用硅酸盐水泥概述

按照《通用硅酸盐水泥》（GB 175—2007）的规定，通用硅酸盐水泥按混合材料的品种和掺量分为硅酸盐水泥、普通硅酸盐水泥、矿渣硅酸盐水泥、火山灰质硅酸盐水泥、粉煤灰硅酸盐水泥和复合硅酸盐水泥。各品种的组分和代号应符合表 1-1 的规定。

表 1-1 硅酸盐水泥的组分

品 种	代 号	组 分/%				
		熟料+石膏	粒化高炉矿渣	火山灰质混合材料	粉煤灰	石灰石
硅酸盐水泥	P·I	100	—	—	—	—
	P·II	≥95	≤5	—	—	—
		≥95	—	—	—	≤5
普通硅酸盐水泥	P·O	≥80 且<95	>5 且≤20			—
矿渣硅酸盐水泥	P·S·A	≥50 且<80	>20 且≤50	—	—	—
	P·S·B	≥30 且<50	>50 且≤70	—	—	—
火山灰质硅酸盐水泥	P·P	≥60 且<80	—	>20 且≤40	—	—
粉煤灰硅酸盐水泥	P·F	≥60 且<80	—	—	>20 且≤40	—
复合硅酸盐水泥	P·C	≥50 且<80	>20 且≤50			

2. 通用硅酸盐水泥的主要质量要求

（1）密度、堆积密度、细度。硅酸盐水泥的密度主要取决于其熟料矿物组成，一般为 3.00～3.20g/cm³；硅酸盐水泥的堆积密度主要取决于水泥堆积时的紧密程度，疏松堆积时为 1000～1200kg/m³，紧密堆积时可达 1600kg/m³。

（2）碱含量（选择性指标）。水泥中碱含量按 $Na_2O+0.658K_2O$ 计算值表示。若使用活性骨料，用户要求提供低碱水泥时，水泥中的碱含量应不大于 0.60% 或由买卖双方协商确定。

（3）凝结时间。按照国家标准的规定，硅酸盐水泥初凝不小于 45min，终凝不大于 390min；普通水泥、矿渣水泥、火山灰水泥、粉煤灰水泥和复合水泥的初凝不小于 45min，终凝不大于 600min。

（4）体积安定性。水泥体积安定性简称水泥安定性，是指水泥浆体在凝结硬化过程中，体积变化的均匀性。安定性不良的水泥，在浆体硬化过程中或硬化后产生不均匀的体积膨胀，使水泥制品产生膨胀性的裂缝、翘曲，甚至崩裂，严重影响工程质量。

引起水泥安定性不良的主要原因是熟料中游离氧化钙含量过多、游离氧化镁含量过多或石膏掺量过多。国家标准规定，水泥熟料中游离氧化镁含量不得超过 5.0%，如果水泥经蒸压安定性试验合格，则允许放宽到 6%；三氧化硫含量不得超过 3.5%，用沸煮法或雷氏夹法检验必须合格。

（5）强度及强度等级。水泥的强度等级是按规定龄期的抗折强度和抗压强度来划分的。不同品种不同强度等级的通用硅酸盐水泥，其不同各龄期的强度应符合表 1-2 的规定。

表 1-2　通用硅酸盐水泥的强度等级

品　种	强度等级	抗压强度/MPa		抗折强度/MPa	
		3d	28d	3d	28d
硅酸盐水泥	42.5	≥17.0	≥42.5	≥3.5	≥6.5
	42.5R	≥22.0		≥4.0	
	52.5	≥23.0	≥52.5	≥4.0	≥7.0
	52.5R	≥27.0		≥5.0	
	62.5	≥28.0	≥62.5	≥5.0	≥8.0
	62.5R	≥32.0		≥5.5	
普通硅酸盐水泥	42.5	≥17.0	≥42.5	≥3.5	≥6.5
	42.5R	≥22.0		≥4.0	
	52.5	≥23.0	≥52.5	≥4.0	≥7.0
	52.5R	≥27.0		≥5.0	
矿渣硅酸盐水泥 火山灰质硅酸盐水泥 粉煤灰硅酸盐水泥 复合硅酸盐水泥	32.5	≥10.0	≥32.5	≥2.5	≥5.5
	32.5R	≥15.0		≥3.5	
	42.5	≥15.0	≥42.5	≥3.5	≥6.5
	42.5R	≥19.0		≥4.0	
	52.5	≥21.0	≥52.5	≥4.0	≥7.0
	52.5R	≥23.0		≥4.5	

注：R 为早强型。

6

(6) 细度（选择性标指）。硅酸盐水泥和普通水泥以比表面积表示，不小于 $300m^2/kg$；矿渣水泥、火山灰水泥、粉煤灰水泥和复合水泥以筛余量表示，过 0.08mm 方孔筛筛余量不大于 10%或过 0.045mm 方孔筛筛余量不大于 30%。

3. 通用硅酸盐水泥的特性及应用

通用硅酸盐水泥强度的特性及选用见表 1-3 和表 1-4。

表 1-3 通用硅酸盐水泥的特性

品种	硅酸盐水泥(P·Ⅰ，P·Ⅱ)	普通水泥(P·O)	矿渣水泥(P·S)	火山灰水泥(P·P)	粉煤灰水泥(P·F)	复合水泥(P·C)
主要特性	1. 凝结硬化速度快，早期强度高； 2. 水化热大； 3. 抗冻性好； 4. 干缩性小； 5. 耐腐蚀性差； 6. 耐热性差； 7. 耐磨性好	1. 凝结硬化速度较快，早期强度较高； 2. 水化热较大； 3. 抗冻性较好； 4. 干缩性较小； 5. 耐腐蚀性较差； 6. 耐热性较差； 7. 耐磨性较好	1. 凝硬化速度慢； 2. 早期强度低，后期强度高； 3. 水化热低； 4. 耐热性好； 5. 泌水性大； 6. 干缩性大； 7. 抗冻性差； 8. 耐腐蚀性好； 9. 碱度较低，抗碳化性能差	1. 凝硬化速度慢； 2. 早期强度低，后期强度高； 3. 水化热较低； 4. 耐热性较好； 5. 耐腐蚀性好； 6. 干缩性较大； 7. 在潮湿或与水接触环境中，抗渗性好； 8. 干燥环境中易"起粉"； 9. 碱度较低，抗碳化性能差	1. 凝硬化速度慢； 2. 早期强度低，后期强度高； 3. 水化热较低； 4. 耐热性较好； 5. 耐腐蚀性好； 6. 干缩性较小； 7. 抗裂性好； 8. 同配合比时，和易性较好； 9. 碱度较低，抗碳化性能差	与所掺两种或两种以上混合材料的种类和掺量有关，其特性基本与矿渣水泥、火山灰水泥、粉煤灰水泥的特性相似

表 1-4　通用硅酸盐水泥的选用

混凝土工程特点及所处环境条件		优先选用	可以使用	不宜使用
普通混凝土	在一般气候和环境中的混凝土工程	普通水泥	矿渣水泥、火山灰水泥、粉煤灰水泥、复合水泥	
	在干燥环境中的混凝土工程	普通水泥	矿渣水泥	火山灰水泥、粉煤灰水泥
	在高潮湿环境或长期处于水中的混凝土工程	矿渣水泥、火山灰水泥、粉煤灰水泥、复合水泥	普通水泥	硅酸盐水泥
	厚大体积的混凝土工程	矿渣水泥、火山灰水泥、粉煤灰水泥、复合水泥		硅酸盐水泥
有特殊要求的混凝土	要求快硬高强（强度等级＞C40）的混凝土工程	硅酸盐水泥	普通水泥	矿渣水泥、火山灰水泥、粉煤灰水泥、复合水泥
	严寒地区的露天混凝土工程，寒冷地区处于地下水位升降范围的混凝土工程	普通水泥	矿渣水泥（强度等级＞32.5）	火山灰水泥、粉煤灰水泥、复合水泥
	有抗渗要求的混凝土工程	普通水泥、火山灰水泥		矿渣水泥
	有耐磨性要求的混凝土工程	硅酸盐水泥、普通水泥	矿渣水泥（强度等级＞32.5）	火山灰水泥、粉煤灰水泥
	受侵蚀介质作用的混凝土工程	矿渣水泥、火山灰水泥、粉煤灰水泥、复合水泥		硅酸盐水泥

1.2　普通混凝土

1.2.1　普通混凝土的分类和主要技术性质

混凝土，一般是指由胶凝材料、集料及其他材料，按适当比例配制，经凝结、硬化而制成的具有所需形体、强度和耐久性等性能要求的人造石材。

1. 混凝土种类

按所用胶凝性材料不同，可分为水泥混凝土、聚合物浸渍混凝土、沥青混凝土、石膏混凝土及水玻璃混凝土等。

按体积密度不同，可分为重混凝土、普通混凝土、轻混凝土等。

按用途不同，可分为结构混凝土、装饰混凝土、防水混凝土、道路混凝土、防辐射混凝土、耐热混凝土、耐酸混凝土、大体积混凝土、膨胀混凝土等。

按强度等级不同，分为普通混凝土、高强混凝土、超高强混凝土等。

按生产和施工方法不同，可分为泵送混凝土、喷射混凝土、碾压混凝土、真空脱水混凝土、离心混凝土、压力灌浆混凝土、预拌混凝土（商品混凝土）等。

本节仅介绍普通混凝土。

2. 对混凝土质量的基本要求

工程中所使用的混凝土，一般应同时满足以下基本质量要求：

（1）满足与设计相适应的强度要求；

（2）满足与施工相适应的和易性要求；

（3）满足与其所处环境相适应的耐久性要求；

（4）在满足上述要求的同时，还应满足经济性等要求。

这也是对混凝土质量要求的四个基本原则。无论是在选择拌制混凝土所需的原材料、进行混凝土配合比设计，还是进行混凝土施工以及评定混凝土质量等，它都是首先应坚持的基本原则。

3. 普通混凝土的主要技术性质

普通混凝土的主要技术性质包括混凝土拌合物的技术性质和硬化混凝土的技术性质。

（1）混凝土拌合物的主要技术性质为和易性。

1）混凝土拌合物的和易性。混凝土拌合物的和易性是指混凝土拌合物易于施工操作（包括搅拌、运输、浇注、捣实、泵送等），并能获得质量均匀、成型密实混凝土的性能。和易性是一项综合性的技术指标，它一般包括流动性、黏聚性和保水性等方面的含义。

流动性是指混凝土拌合物在自重或外力作用下，能产生流动并均匀密实地填满模板的性能；黏聚性是指混凝土拌合物各组成材料之间具有一定的凝聚力，在运输和浇注过程中不致发生分层离析现象，使混凝土保持整体均匀的性能；保水性是指混凝土拌合物具有一定保持内部拌合水分，不易产生泌水（拌合水从混凝土拌合物中析出的现象）的性能。

混凝土拌合物的流动性、黏聚性、保水性三者之间互相关联又互相矛盾。如黏聚性好，则保水性容易保证，但流动性可能较差。因此，要使混凝土拌合物的和易性满足要求，就是要统筹解决这三方面的性能，使其在具体工作条件中得到统一。

根据《普通混凝土拌合物性能试验方法标准》（GB/T 50080—2002）规定，用坍落度或维勃稠度来测定混凝土拌合物的流动性，并辅以直观和经验来评定其黏聚性和保水性，由此来综合评定混凝土拌合物的和易性。

2）坍落度的选择。选择合适的混凝土拌合物坍落度，对保证混凝土的施工质量、做到防患于未然、节约水泥等都具有重要的意义。原则上要根据结构类型、构件截面大小、配筋疏密、输送方式和施工搅拌、捣实的方法等因素来综合确定。混凝土浇筑的坍落度宜按表1-5选用。

表1-5 混凝土浇筑时的坍落度

结 构 种 类	坍落度/mm
基础或地面等的垫层、无配筋的大体积结构（挡土墙、基础等）或配筋稀疏的结构	10～35
板、梁和大型及中型截面的柱子等	30～55
配筋密列的结构（薄壁、斗仓、筒仓、细柱等）	50～75
配筋特密的结构	75～90

注：①本表是指采用机械振捣的坍落度，当采用人工捣实时可适当增大；
②当要求混凝土拌合物具有高的流动性时，应掺入外加剂；
③曲面或斜面结构混凝土的坍落度应根据实际需要另行确定；
④轻集料混凝土的坍落度，宜比表中数值减少10～20mm。

（2）硬化后的混凝土主要质量要求是强度和耐久性。

1）混凝土的强度。强度是混凝土最重要的力学性质。混凝土的强度包括抗压强度、抗拉强度等。

①混凝土的立方体抗压强度与强度等级。混凝土的立方体抗压强度是指以边长为150mm的立方体试件为标准试件，按标准方法成型，在标准养护条件（温度20℃±3℃，相对湿度90%以上）下，养护至28d龄期，用标准试验方法测得的抗压强度值，以f_{cu}表示。

混凝土立方体抗压强度标准值是指在混凝土立方体极限抗压强度总体分布中，具有95%强度保证率的混凝土立方体抗压强度值，以f_{cuk}表示。

混凝土的强度等级是按混凝土立方体抗压强度标准值来划分的。采用符号C与立方体抗压强度标准值（单位为MPa）表示，有C15、C20、C25、C30、C35、C40、C45、C50、C55、C60、C65、C70、C75、C80、C85、C90、C95、C100共18个强度等级。

②混凝土的轴心抗压强度。轴心抗压强度是指采用150mm×150mm×300mm的棱柱体作为标准试件，按标准的试验方法成型，在标准的养护条件下，养护至28d，所测得的抗压强度值，以f_{cp}表示。试验表明，相同混凝土的轴心抗压强度与立方体抗压强度之比为0.7～0.8。

2）混凝土的耐久性。混凝土在实际使用条件下抵抗所处环境各种不利因素的作用，长期保持其使用性能和外观完整性，维持混凝土结构的安全和正常使用的能力称为混凝土的耐久性，主要包括抗冻性、抗渗性、抗碳化性、抗侵蚀性、抗碱集料反应及抗风化性能等。

①抗冻性。混凝土的抗冻性用抗冻等级评定。抗冻等级是以28d 龄期的混凝土标准试件，在吸水饱和后承受反复冻融循环，以抗压强度损失不超过 25%，质量损失不超过 5%时所能承受的最大冻融循环次数来表示。混凝土的抗冻等级有 F10、F15、F25、F50、F100、F150、F200、F250、F300 等，分别表示混凝土能承受冻融循环的次数不少于 10 次、15 次、25 次、50 次、100 次、150 次、200 次、250 次和 300 次。

②抗渗性。混凝土的抗渗性一般用抗渗等级表示。抗渗等级是以 28d 龄期的标准试件（圆台形），按标准试验方法进行试验，测其所能承受的最大静水压力来确定的。抗渗等级有 P6、P8、P10、P12 等。

③抗碳化性。混凝土的碳化是指空气中的二氧化碳在潮湿的条件下与水泥石中的氢氧化钙晶体发生反应，生成碳酸钙和水的过程，也称中性化。

如果混凝土的抗碳化性能差，混凝土就极易被碳化，而使其碱度降低，也就减弱了对钢筋的保护作用易引起钢筋锈蚀；碳化还会引起混凝土产生不可恢复的收缩变形，而导致制品形成细微裂缝，使混凝土的抗拉强度、抗折强度和耐久性降低。

由于碳化作用生成的碳酸钙可填充到混凝土的孔隙中，以及碳化后放出的水分又可加速水泥的水化，所以碳化可提高混凝土表层的密实度和抗压强度。这也是工程中提高混凝土表面硬度的一种行之有效的方法。

④抗侵蚀性。混凝土的抗侵蚀性是指混凝土在使用中，抵抗环境各种侵蚀性介质作用的性能。它主要取决于水泥的抗侵蚀性，当混凝土所处的环境中存在侵蚀介质时，必须对其提出耐腐蚀性要求，一般包括耐软水腐蚀、耐酸性腐蚀、耐硫酸盐及镁盐腐蚀和耐强碱腐蚀等。

提高混凝土耐久性的主要措施有：

a. 根据环境条件，选择合理的水泥品种；

b. 严格控制原材料的质量，使之符合相关规范的要求；

c. 提高混凝土的密实性；

d. 严格控制水灰比，保证足够的水泥用量，《混凝土结构设计规范》（GB 50010—2010）规定了混凝土的最大水灰比和最小水泥用量；

e. 掺入合适的外加剂（如减水剂或引气剂等）；

f. 提高施工质量，加强过程控制（包括计量、搅拌、浇注、振捣、养护等）。

1.2.2 普通混凝土的组成材料

普通混凝土的基本组成材料是水泥、砂子、石子和水，另外还常掺入适量的外加剂和掺合料。在混凝土中，水泥和水作用形成水泥浆，包裹在砂粒表面形成砂浆并填充砂粒间的空隙，砂浆又包裹石子，并填充石子间的空隙而形成混凝土。在混凝土硬化前，水泥浆起润滑作用，赋予混凝土拌合物一定的流动性，便于施工。水泥浆硬化后，起胶结作用，把砂石集料胶结为一个整体，成为坚硬的人造石材，产生强度，并具有耐久性。砂、石作为混凝土的主要受力部分，起骨架作用，故称为集料（或骨料），砂子称为细集料（或细骨料），石子称为粗集料（或粗骨料）。

1. 水泥

配制混凝土用的水泥品种，应当根据工程性质与特点、工程所处环境及施工条件等，并依据各种水泥的特性，正确、合理地选择。常用水泥品种的选用详见表 1-4。

水泥强度等级的选择，应当与混凝土的设计强度等级相适应。既不能用低强度等级水泥配制高强度等级混凝土，也不可用高强度等级水泥配制低强度等级的混凝土。

2. 细集料（砂）

（1）细集料的概念和分类。凡粒径在 0.15～4.75mm 的颗粒，称为细集料。细集料一般按成因不同分为天然砂和人工砂。天然砂包括河砂、山砂、海砂等；人工砂包括机制砂和人工掺配砂。

（2）细集料的主要质量要求。按《建筑用砂》（GB/T 14684—2011）的规定，对细集料的技术性能要求主要包括有害物质含量、泥和泥块及石粉含量、细度模数（M_x）和颗粒级配以及坚固性等。其中，按照有害物质含量、泥和泥块及石粉含量以及坚固性等指标，将建筑用砂划分为Ⅰ类、Ⅱ类和Ⅲ类。Ⅰ类宜用于强度等级大于C60 的混凝土；Ⅱ类砂宜用于强度等级为 C30～C60 及抗冻、抗渗或其他要求的混凝土；Ⅲ类宜用于强度等级小于 C30 的混凝土和砂浆。

按照国家标准，砂的颗粒级配和粗细程度，常用筛分析的方法进行测定，并用级配区评定砂的级配情况，用砂的细度模数（M_x）表示砂的粗细程度。其中：粗砂细度模数在 3.7～3.1；中砂细度模数在 3.0～2.3；细砂细度模数在 2.2～1.6。

建筑用砂的级配情况可以委托具有资质的检测机构检验。在实际工程中，若砂的级配不良，可采用人工掺配的方法来改善，即将粗、细砂按适当的比例进行掺合使用；或将砂过筛，筛除过粗或过细颗粒。

（3）砂的体积密度、堆积密度、孔隙率。砂的体积密度应大于 2500kg/m³；砂的松散堆积密度大于 1350kg/m³；砂的孔隙率小于 47%。

3. 粗集料

（1）粗集料的概念和分类。粗集料是指粒径大于 4.75mm 的颗粒。普通混凝土常用的粗集料按表观形状不同，分为卵石和碎石两类。

（2）粗集料的主要质量要求。根据《建筑用卵石、碎石》（GB/T 14685—2011），对粗集料的技术要求主要包括：有害物质的含量、泥和泥块含量、针状和片状颗粒含量、颗粒级配、最大粒径、强度等指标。按照有害物质的含量、泥和泥块含量、针状和片状颗粒含量、压碎指标等，将石子划分为Ⅰ类、Ⅱ类和Ⅲ类。Ⅰ类宜用于强度等级大于 C60 的混凝土；Ⅱ类砂宜用于强度等级为C30～C60 及抗冻、抗渗或其他要求的混凝土；Ⅲ类宜用于强度等级小于 C30 的混凝土。

其中，粗集料的级配分连续级配和单粒级配两种。粗集料的连续级配有 5～16、5～20、5～25、5～31.5 和 5～40 共五类供选用；单粒级配包括 5～10、10～16、10～20、16～25、16～31.5、20～40 和 40～80 共七类供选择。

《混凝土结构工程施工质量验收规范》（GB 50204—2015）规定，混凝土用的粗集料，其最大粒径不得超过结构截面最小尺寸的 1/4，且不得大于钢筋间最小净距的 3/4，对于混凝土实心板，集料的最大粒径不宜超过板厚的 1/2，且不得超过 50mm。对泵送混凝土，碎石最大粒径与输送管内径之比，宜小于或等于 1∶2，卵石宜小于或等于 1∶2.5。

（3）体积密度、堆积密度、孔隙率。粗集料的体积密度大于 2500kg/m³，粗集料的松散堆积密度大于 1350kg/m³，粗集料的孔隙率小于 47%。

4. 混凝土拌和及养护用水

凡是人可以饮用的、洁净的淡水都可以用来拌和及养护混凝土。对水质有怀疑时，应将待检验水与蒸馏水分别做水泥凝结时间和砂浆或混凝土强度对比试验。对比试验测得的水泥初凝时间差和终凝时间差，均不得超过 30min，且其初凝时间及终凝时间应符合国家水泥标准的规定。用待检验水配制的水泥砂浆或混凝土的 28d 抗压强度不得低于用蒸馏水配制的对比砂浆或混凝土强度的 90%。

1.2.3 普通混凝土配合比

普通混凝土配合比是指混凝土中各组成材料之间用量的关系。配合比常用的表示方法有两种：一是以每立方米混凝土拌合物中各种材料的质量表示，如水泥 300kg/m³、砂 660kg/m³、石子 1240kg/m³、水 180kg/m³；二是以各种材料的质量比表示（以水泥质量为1），将上例换算成质量比为：水泥∶砂∶石子=1∶2.20∶4.10；$W/B=0.60$（W 为用水量；B 为混凝土中胶凝材料用量）。

普通混凝土配合比设计，应首先根据对混凝土的基本要求及所用的原材料，进行初步计算，得出"初步配合比"；再经试验室试拌，检验和易性并经调整后，得出"基准配合比"；然后，经过强度和相关耐久性的检验，确定出满足混凝土基本要求的"试验室配合比"；最后根据施工现场砂、石集料的含水率，对试验室配合比进行换算，即可得出满足实际需要的"施工配合比"。

考虑到工程实际的需要，本部分仅介绍施工配合比的换算。

试验室配合比中的集料是以干燥状态为准确定出来的。而施工现场的砂、石集料常含有一定量的水分，并且含水率随环境温度和湿度的变化而改变。为保证混凝土质量，现场材料的实际称量应按施工现场砂、石的含水情况进行修正，修正后的配合比称为施工配合比。若施工现场实测砂子的含水率为 $a\%$（$a>0.5$），石子含水率为 $b\%$（$b>0.2$），则应将试验室配合比换算为施工配合比。

假设：普通混凝土试验室配合比中，$1m^3$ 的各种材料用量为水泥 m_c、砂子 m_s、石子 m_g、水 m_w。

则施工配合比为：水泥 $=m_c$ (1-1)

$$砂子 =m_s\times(1+0.01\times a) \quad (1-2)$$
$$石子 =m_g\times(1+0.01\times b) \quad (1-3)$$
$$拌合水 =m_w-0.01\times a\times m_s-0.01\times b\times m_g$$
$$(1-4)$$

式中，m_c、m_s、m_g、m_w 分别为 $1m^3$ 混凝土拌合物中，水泥、砂子、石子、水的用量，单位 kg/m^3，精度为 $1kg/m^3$。

1.3 建筑砂浆和墙体材料

1.3.1 建筑砂浆

建筑砂浆是指由胶凝材料、细集料和其他材料，按一定的比例配合而成的建筑材料，在建设工程中主要起黏结、衬垫、传递荷载和装饰等作用。

建筑砂浆按用途可分为砌筑砂浆、抹面砂浆、装饰砂浆、防水砂浆等；按所用胶凝材料可分为水泥砂浆、石灰砂浆、水玻璃砂浆、水泥石灰混合砂浆等。

1. 砌筑砂浆

能将砖、石、砌块等墙体材料黏结成砌体的砂浆称为砌筑砂浆。砌筑砂浆在建筑工程中用量最大，起黏结、垫层及传递荷载的作用。

（1）砌筑砂浆的组成材料。

1）水泥。常用水泥品种是通用水泥和砌筑水泥。水泥品种应根据使用部位的耐久性要求来选择。对水泥强度等级的要求，水泥砂浆中不宜超过 32.5；水泥混合砂浆中不宜超过 42.5。

2）掺加料。掺加料是为了改善建筑砂浆的和易性而加入到砂浆中的无机材料。常用掺加料有石灰膏、磨细生石灰粉、黏土膏、粉煤灰、沸石粉等无机材料，或松香皂、微沫剂等有机材料。生石灰粉、石灰膏和黏土膏必须配制成稠度为（120±5）mm 的膏状体，并过 3mm×3mm 的滤网。生石灰粉的熟化时间不得少于 2d，石灰膏的熟化时间不得少于 7d。严禁使用已经干燥脱水的石灰膏。消石灰粉不得直接用于砌筑砂浆中。

3）砂。砂的技术指标应符合《建筑用砂》（GB/T 14684—2011）的规定（详见混凝土部分）。砌筑砂浆宜采用中砂，并且应过筛，砂中不得含有杂质，含泥量不应超过 5%。

4）拌和及养护用水。应符合《混凝土用水标准》（JGJ 63—2006）的规定，选用不含有害杂质的洁净的淡水或饮用水。

（2）砌筑砂浆的主要技术性质。砌筑砂浆的技术性质主要包括新拌砂浆的流动性、保水性，硬化砂浆的强度和黏结力。

1）新拌砂浆的流动性。砂浆的流动性又称砂浆稠度，是指新拌砂浆在自重或外力作用下能够产生流动的性能，用沉入度表示，沉入度越大，表示砂浆的流动性越大。沉入度用砂浆稠度仪测定，以 mm 为单位。具体应根据砌体的种类、施工条件和气候条件选择。

2）新拌砂浆的保水性。砂浆的保水性是指砂浆保持水分不易析出的性能，用保水率表示，以% 为单位。砂浆的保水率越大，保水性越好。根据《砌筑砂浆配合比设计规程》（JGJ/T 98—2010）规定，砌筑砂浆的保水率应满足表 1-6 的要求。

表 1-6　砌筑砂浆的保水率

砂浆种类	保水率
水泥砂浆	≥80%
水泥混合砂浆	≥84%
预拌砌筑砂浆	≥88%

3）砂浆硬化后的强度。砂浆强度是按标准方法制作的，以边长为 70.7mm×70.7mm×70.7mm 的立方体试件，按标准养护至 28d，测得的抗压强度值。砌筑砂浆按抗压强度划分为 M30、M25、M20、M15、M10、M7.5 六个强度等级。例如，M15 表示 28d 抗压强度值不低于 15MPa。

影响砂浆的抗压强度的因素很多，其中最主要的影响因素是水泥。用于黏结吸水性较大的底面材料的砂浆，其强度主要取决于水泥的强度和用量；用于黏结吸水性较小、密实的底面材料的砂浆，其强度取决于水泥强度和水灰比。

4）砂浆硬化后的黏结力。砌筑砂浆必须具有足够的黏结力。黏结力的大小，会影响砌体的强度、稳定性、耐久性和抗震性能。一般来说，砂浆的黏结力与其抗压强度成正比；另外，砂浆的黏结力还与基层材料的清洁程度、含水状态、表面状态、养护条件等有关。

2. 普通抹面砂浆

普通抹面砂浆是指涂抹在建筑物表面保护墙体，又具有一定装饰性的一类砂浆的统称。抹面砂浆通常都是手工操作，且易脱落，为了达到更好的和易性和黏结力，抹面砂浆的胶凝材料用量，一般比砌筑砂浆多。

抹面砂浆与砌筑砂浆的组成材料基本相同。但为了防止抹面砂浆表层开裂，有时需加入适量的纤维材料（如麻刀、玻璃纤维、纸筋等）；有时为了满足某些功能性要求需加入一些特殊的集料或掺合料（如保温砂浆、防辐射砂浆等）。

为了保证普通抹面砂浆的表面平整，不容易脱落，应分两层或三层施工，各层砂浆所用砂的最大粒径以及砂浆稠度见表 1-7。底层砂浆的作用主要是增加基层与抹灰层的黏结力，多用混合砂浆，有防水防潮要求时采用水泥砂浆，对于板条或板条顶板的底层抹灰多采用石灰砂浆或混合砂浆，对于混凝土墙体、柱、梁、板、顶板多采用混合砂浆；中层砂浆主要起找平作用，又称找平层，一般采用混合砂浆或石灰砂浆；面层起装饰作用，多用细砂配制的混合砂浆、麻刀石灰砂浆或纸筋石灰砂浆。在容易受碰撞的部位如窗台、窗口、踢脚板等采用水泥砂浆。普通抹面砂浆的配合比可用质量比，也可用体积比。

表 1-7 砂浆的材料及稠度选择

抹面层	沉入度/mm	砂子的最大粒径/mm
底层	100～120	2.5
中层	70～90	2.5
面层	70～80	1.2

1.3.2 墙体材料

墙体在房屋建筑中具有承重、围护和分隔的作用。它对建筑物的造价、自重、施工进度以及建筑能耗等都起着重要的作用。因此，用于墙体建造的墙体材料也是建设工程中十分重要的材料之一。目前用于建设工程中的墙体材料主要有砌墙砖、砌块、墙板三大类。

1. 砌墙砖

不经焙烧而制成的砖为非烧结砖。本节仅介绍非烧结砖，常见的品种有混凝土多孔砖、粉煤灰砖等。

（1）混凝土多孔砖。混凝土多孔砖是指以水泥、砂、石为主要原料，经加水搅拌、成型、养护制成的孔洞率不小于 30%，且有多排小孔的混凝土砖。

1）混凝土多孔砖的质量要求。根据《混凝土多孔砖》（JC 943—2004）的规定，混凝土多孔砖的主要技术指标包括形状尺寸、尺寸偏差及壁厚、孔洞及其结构、强度等级、干燥收缩率、抗冻性、抗渗性等。

混凝土多孔砖的主规格尺寸为 240mm×115mm×90mm；配砖规格尺寸有半砖（120mm×115mm×90mm）、七分头（180mm×115mm×90mm）、混凝土实心砖（240mm×115mm×53mm）等。其按抗压强度划分为 MU30、MU25、MU20、MU15、MU10 五个强度等级，按尺寸偏差划分为一等品和合格品。

2）混凝土多孔砖的应用。混凝土多孔砖是一种新型的墙体材料，它的推广应用将有助于减少烧结砖的生产和使用，有助于节约能源，保护土地资源。除清水墙外，混凝土多孔砖与烧结普通砖和烧结多孔砖的应用范围基本相同。

（2）蒸压粉煤灰砖。蒸压粉煤灰砖是指以粉煤灰、石灰和水泥等为主要原料，掺加适量石膏、外加剂和集料，经高压或常压蒸汽养护而成的实心或多孔粉煤灰砖。砖的外形、公称尺寸同烧结普通砖或烧结多孔砖。

《蒸压粉煤灰砖》（JC/T 239—2014）中规定：粉煤灰砖有彩色和本色两种；按抗压强度和抗折强度划分为 MU30、MU25、MU20、MU15、MU10 五个强度等级；按外观质量、尺寸偏差、强度和干燥收缩值分为优等品（A）、一等品（B）和合格品（C），优等品强度等级应不低于 MU15；优等品和一等品蒸压粉煤灰砖的干燥收缩值应不大于 0.60mm/m；合格品蒸压粉煤灰砖的干燥收缩值应不大于 0.75mm/m。碳化系数不低于 0.8，色差不显著。

蒸压粉煤灰砖可用于工业及民用建筑的墙体和基础，但用于基础和易受冻融和干湿交替作用的部位时，强度等级必须为 MU15以上。该砖不得用于长期受热 200℃以上、受急冷急热或有酸性介质侵蚀的建筑部位。

2. 蒸压加气混凝土砌块

砌块是指用于墙体砌筑，形体大于砌墙砖的人造墙体材料，多为直角六面体。砌块主规格尺寸中的长度、宽度和高度，至少有一项相应大于 365mm、240mm、115mm，但高度不大于长度或宽度的 6 倍，长度不超过高度的 3 倍。

砌块按用途可分为承重砌块和非承重砌块；按有无空洞可分为实心砌块和空心砌块；按产品规格又可分为大型（主规格高度＞980mm）、中型（主规格高度为 380～980mm）和小型（主规格高度为115～380mm）砌块。本节仅介绍蒸压加气混凝土砌块。

蒸压加气混凝土砌块，是以钙质材料（水泥、石灰等）和硅质材料（砂、火山灰、矿渣或粉煤灰等）加入铝粉（作加气剂），经蒸压养护而成的多孔轻质块体材料，简称加气混凝土砌块。

（1）蒸压加气混凝土砌块的主要质量要求。依据《蒸压加气混凝土砌块》（GB 11968—2006）的规定，蒸压加气混凝土砌块的主要技术要求包括规格尺寸、强度等级、密度等级、干燥收缩、抗冻性和导热系数等。其中，按抗压强度可分为 A1.0、A2.0、A2.5、A3.5、A5.0、A7.5、A10 七个强度等级；按干体积密度可分为 B03、B04、B05、B06、B07、B08 六个等级；按尺寸偏差、外观质量、干体积密度及抗压强度划分为优等品、一等品、合格品三个质量等级。

（2）蒸压加气混凝土砌块的应用。蒸压加气混凝土砌块具有体积密度小、保温隔热性好、隔声性好、易加工、抗震性好及施工方便等特点，适用于低层建筑的承重墙，多层和高层建筑的隔墙、填充墙及工业建筑物的维护墙体。作为保温材料也可用于复合墙板和屋面中。在无可靠的防护措施时，不得用于处于水中、高湿度和有侵蚀介质作用的环境中，也不得用于建筑结构的基础和长期处于 80℃ 的建筑工程。

3. 墙板

我国目前可用于墙体的轻质隔墙条板品种较多，各种墙板都各具特色。一般的形式可分为薄板、条板、轻质复合板等。每类板中又有许多品种，不同类别的轻质隔墙条板的技术性能差异较大，并具有不同的特点，见表 1-8。

表 1-8　常用的轻质隔墙条板特点比较

墙板类别	胶凝材料	墙板名称	优点	缺点
普通建筑石膏类	普通建筑石膏	普通石膏珍珠岩空心隔墙条板、石膏纤维空心隔墙条板	1. 质轻、保温、隔热、防火性好； 2. 可加工性好； 3. 使用性能好	1. 强度较低； 2. 耐水性较差
	普通建筑石膏、耐水粉	耐水增强石膏隔墙条板、耐水石膏陶粒混凝土实心隔墙条板	1. 质轻、保温、防水性能好； 2. 可加工性好； 3. 使用性能好； 4. 强度较高； 5. 耐水性较好	1. 成本较高； 2. 实心板稍重

墙板类别	胶凝材料	墙板名称	优点	缺点
水泥类	普通水泥	无砂陶粒混凝土实心隔墙条板	1. 耐水性好； 2. 隔声性好	1. 双面抹灰量大； 2. 生产效率低； 3. 可加工性差
	硫铝酸盐或铁铝酸盐水泥	GRC珍珠岩空心隔墙条板	1. 强度调节幅度大； 2. 耐水性好	1. 原材料质量要求较高； 2. 成本较高
	菱镁水泥	菱苦土珍珠岩空心隔墙条板	1. 保温隔热性能好； 2. 与植物类物质黏结性能好	1. 耐水性差； 2. 长期使用变形较大

1.4 建筑钢材

建筑钢材是指使用于工程建设中的各种钢材的总称，包括钢结构用各种型材（型钢、钢管、板材等）和钢筋混凝土结构中的各种钢筋、钢丝、钢绞线等。由于钢材是在严格的工艺条件下生产的，而具有材质均匀、性能可靠、轻质高强、良好的塑性，具有承受冲击和振动荷载作用的能力等性能，并且具有可焊接、铆接或螺栓连接，便于装配等特点，其缺点是易锈蚀、耐火性差、维修费用大。

1.4.1 钢材的分类及主要技术性能

1. 钢材的分类

（1）按化学成分分类。按化学成分分为碳素钢和合金钢。碳素钢（也称非合金钢）按含碳量的多少，又分为低碳钢（含碳量<0.25%）、中碳钢（含碳量在0.25%～0.60%）和高碳钢（含碳量>0.60%）。合金钢是为了改善钢材的某些性能，加入适量的合金元素而制成的钢。按合金元素的含量，分为低合金钢（合金元素总量<5%)、中合金钢（合金元素总量在 5%～10%）和高合金钢（合金元素总量>10%)。

（2）按脱氧方法分类。按脱氧方法不同钢材又分为沸腾钢、镇静钢、半镇静钢和特殊镇静钢。

（3）按质量等级分类。按质量等级将钢材分为普通碳素钢（硫含量≤0.055%～0.065%，磷含量≤0.045%～0.085%）、优质碳素钢（硫含量≤0.03%～0.045%，磷含量≤0.035%～0.04%）和高级优质钢（硫含量≤0.02%～0.03%，磷含量≤0.027%～0.035%)。

（4）按用途分类。按用途分为结构钢、工具钢和特殊钢。其中结构钢包括建筑工程用结构钢和机械制造用结构钢。

2. 建筑钢材的主要技术性能

建筑钢材的主要技术性能包括力学性能和工艺性能。

（1）力学性能。钢材的力学性能包括拉伸性能、塑性性能、冲击韧性、疲劳强度等。

1）抗拉性能。拉伸性能由拉伸试验测出。拉伸试验是将特制的拉伸试样，形状及尺寸如图 1-1 所示，置于拉力试验机上，在试件两端施加一缓慢增加的拉伸荷载，观察加荷过程中产生的弹性和塑性变形，直至试件被拉断为止，绘出整个试验过程的应力—应变曲线。低碳钢是广泛使用的一种材料，它在拉伸试验中表现的应力和应变关系比较典型，其应力—应变曲线如图 1-2 （a）所示。

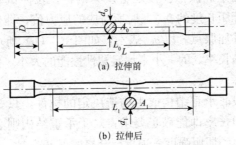

(a) 拉伸前

(b) 拉伸后

图 1-1　钢材拉伸试件示意图

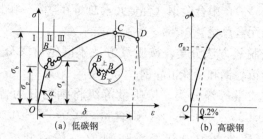

图1-2 低碳钢拉伸应力—应变曲线

通过拉伸试验而得的应力—应变曲线可以看出，低碳钢在外力作用下的拉伸变形一般可分为四个阶段：弹性阶段（OA阶段）、屈服阶段（AB阶段）、强化阶段（BC阶段）和颈缩阶段（CD阶段）。

每一阶段对应的极限强度分别是弹性极限（σ_p）、屈服强度（或称屈服点σ_s）、抗拉强度（σ_b）。

钢材受力达到屈服点以后，变形即迅速发展，尽管尚未破坏，但已不能满足使用要求。故设计中一般以屈服点σ_s作为强度取值的依据。

屈服强度和抗拉强度是衡量钢材强度的两个重要指标，也是设计中的重要依据。在工程中，希望钢材不仅具有高的屈服点，并且应具有一定的"屈强比"（即屈服强度与抗拉强度的比值，用σ_s/σ_b表示）。屈强比是反映钢材利用率和安全可靠程度的一个指标。合理的屈强比一般应在0.60~0.75范围内。

中碳钢与高碳钢的拉伸曲线形状与低碳钢不同，屈服现象不明显，难以测定屈服点。按规定该类钢材在拉伸试验时，产生残余变形为原标距长度的0.2%时所对应的应力值，即作为其屈服强度值，称条件屈服点，以$\sigma_{0.2}$表示，如图1-2（b）所示。

通常以伸长率δ的大小来评定塑性性能的大小，伸长率δ越大表示塑性越好。

对于一般非承重结构或由构造决定的构件，只要保证钢材的抗拉强度和伸长率即能满足要求；对于承重结构则必须具有抗拉强度、伸长率、屈服强度三项指标合格的保证。

2）冲击韧性。冲击韧性是指钢材抵抗冲击或振动荷载作用，而不破坏的性能，以冲击韧性指标 a_k 表示，单位 J/cm^2。a_k 越大，冲断试件消耗的能量越大，说明钢材的韧性越好。

3）疲劳强度。钢材在大小交变的荷载作用下，当最大应力远低于抗拉强度的情况下突然破坏，这种破坏称为疲劳破坏。钢材的疲劳破坏以疲劳强度评定。疲劳强度是指试件在大小交变应力的作用下，不发生疲劳破坏的最大应力值。疲劳破坏属于脆性破坏，发生突然，而且具有很大的危险性和伤害性，故在设计和使用承受往复荷载作用的结构或构件，且进行疲劳验算时，应当重点考虑钢材的疲劳强度。

（2）工艺性能。工艺性能也是钢材的一项重要的技术性能，一般包括冷弯性能和可焊性能等。

1）冷弯性能。冷弯性能是指钢材在常温下承受弯曲变形的能力。冷弯是通过检验试件经规定的弯曲程度后，弯曲处拱面及两侧面有无裂纹、起层、鳞落和断裂等情况进行评定的，一般以试件弯曲角度 α 和弯心直径与钢材的厚度（或直径）d 的比值 α / d 来表示。如图1-3所示，弯曲角度越大，d 与 α 的比值越小，表明冷弯性能越好。

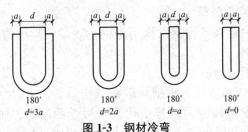

180° 180° 180° 180°
$d=3a$ $d=2a$ $d=a$ $d=0$

图1-3 钢材冷弯

冷弯也是检验钢材塑性性能的一种方法，伸长率大的钢材，其冷弯性能较好，但冷弯检验对钢材塑性的评定比拉伸试验更严格、更敏感。也可以用冷弯的方法来检验钢材的焊接质量。对于重要结构和弯曲成型的钢材，冷弯性能必须合格。

2）可焊性能。焊接是各种型钢、钢板、钢筋的重要连接方式，是钢材一种特有的加工工艺。通过焊接使钢材组成庞大的整体结构，建设工程的钢结构有 90% 以上都是焊接结构。焊接的质量取决于焊接工艺、焊接材料及钢的可焊性能。

可焊性是指钢材按特定的焊接工艺，在焊缝及附近过热区是否产生裂缝及硬脆倾向，焊接后的力学性能，特别是强度是否与原钢材相近的性能。钢材的可焊性主要受其化学成分及含量的影响，当含碳量超过 0.3%、硫和其他杂质含量高以及合金元素含量较高时，钢材的可焊性能降低。

一般焊接结构用钢应选用含碳量较低的氧气转炉或平炉的镇静钢，对于高碳钢及合金钢，为了改善焊接后的硬脆性，焊接时一般要采用焊前预热及焊后热处理等措施。

钢材在焊接之前，焊接部位应进行清除铁锈、熔渣和油污等；尽量避免不同国家的进口钢材之间或进口钢材与国产钢材之间的焊接；冷加工钢材的焊接，应在冷加工之前进行。

1.4.2 常用的建筑钢材

建筑钢材可分为钢结构用型钢和钢筋混凝土结构用钢筋两大类。而各种型钢和钢筋的选择主要取决于所用的钢种、环境、耐久性要求及加工方式等因素。

1. 钢结构用型钢

目前国内建筑工程钢结构用型钢主要是碳素结构钢和低合金高强度结构钢。

(1) 碳素结构钢。

1) 牌号表示方法。根据《碳素结构钢》（GB/T 700—2006）的规定，碳素结构钢的牌号由代表屈服点的字母、屈服点数值、质量等级符号和脱氧方法等四部分按顺序组成。其中，以"Q"代表屈服点；屈服点数值共分为 195MPa、215MPa、235MPa、255MPa 和 275MPa 五种；质量等级以硫、磷等杂质含量由多到少分别用 A、B、C、D 符号表示；脱氧方法以 F 表示沸腾钢、b 表示半镇静钢、Z 和 TZ 分别表示镇静钢和特种镇静钢；Z 和 TZ 在钢的牌号中予以省略。例如，Q235-D 表示该钢材是碳素结构钢中屈服点为 235MPa，质量等级为 D 级的特殊镇静钢。

2) 主要质量要求。碳素结构钢的质量要求包括化学成分、力学性能、工艺性能、冶炼方法、交货状态及表面质量等内容。各牌号钢的化学成分应符合《碳素结构钢》（GB/T 700—2006）的规定。

3）碳素结构钢的性能特点和选用。碳素结构钢牌号数值越大，含碳量越高，其强度、硬度也就越高，但塑性、韧性和可加工性降低。一般碳素结构钢以热轧状态交货，表面质量也应符合有关规定。

建筑中主要应用的碳素钢是 Q235，其含碳量为 0.14%～0.22%，属低碳钢。它具有较高的强度，良好的塑性、韧性及可加工性，能满足一般钢结构和钢筋混凝土用钢的要求，且成本较低。用 Q235 可热轧成各种型材、钢板、管材和钢筋等。

Q195、Q215 号碳素结构钢，强度较低，塑性和韧性较好，易于冷加工，常用于钢钉、铆钉、螺栓及铁丝等制作。Q215 号钢经冷加工后，可取代 Q235 号钢使用。

Q255、Q275 号钢，强度较高，但塑性、韧性及可焊性较差，常用于机械零件和工具的制作。工程中不宜用于焊接和冷弯加工，可用于轧制带肋钢筋、制作螺栓配件等。

（2）低合金高强度结构钢是在碳素结构钢的基础上，添加少量的一种或几种合金元素而制成的一种钢材。

1）牌号表示方法。根据《低合金高强度结构钢》（GB/T 1591—2008）的规定，低合金高强度结构钢共有五个牌号。其牌号的表示方法由屈服点字母 Q、屈服点数值、质量等级三个部分组成，包括 Q295、Q345、Q390、Q420 和 Q460 五个牌号。其质量等级分 A、B、C、D 和 E 五级，E 级质量为最好。

2）主要质量要求。低合金高强度结构钢的力学和工艺要求包括屈服强度、极限强度、伸长率和冷弯性能，必要时还要检验冲击韧性。具体要求应满足《低合金高强度结构钢》（GB/T 1591—2008）的规定。

3）低合金高强度结构钢的性能特点及应用。由于在低合金高强度结构钢中加入了合金元素，所以其屈服强度、抗拉极限强度、耐磨性、耐蚀性及耐低温性能等都优于碳素结构钢。它是一种综合性较为理想的建筑结构用钢，尤其是对于大跨度、承受动荷载和冲击荷载的结构更为适用。

2. 钢筋混凝土结构用钢材

钢筋混凝土结构用钢材主要有各种钢筋和钢丝，主要品种有热轧钢筋、冷加工钢筋、热处理钢筋、预应力钢筋混凝土用钢丝和钢绞线等，按直条或盘条供货。本节仅介绍热轧钢筋、钢丝和钢绞线。

（1）热轧钢筋。热轧钢筋主要是用 Q235 轧制的光圆钢筋和用合金钢轧制的带肋钢筋两类。

1）热轧钢筋主要质量要求。

①热轧光圆钢筋。按照规定，热轧光圆钢筋的强度等级为 HPB235、HPB300 两个牌号，其主要质量要求见表 1-9。

表 1-9　热轧光圆钢筋的力学性能和工艺性能

牌号	R_{eL}/MPa	R_m/MPa	A/%	A_{gt}/5	冷弯试验 180°
	≥				
HPB235	235	370	25.0	10.0	$d=a$
HPB300	300	420			

注：R_{eL}——屈服强度；

R_m——极限强度；

A——伸长率；

A_{gt}——最大力总伸长率；

d——弯心直径；

a——钢筋公称直径。

根据供需双方协议，伸长率可以从 A 或 A_{gt} 中选定，如未经协议确定，则伸长率采用 A，仲裁检验时采用 A_{gt}。

②热轧带肋钢筋。热轧带肋钢筋通常为圆形横截面，表面带有两条纵肋和沿长度方向均匀分布的横肋。横肋为月牙肋，其粗糙的表面可提高混凝土与钢筋的握裹力。月牙肋钢筋还具有生产简便、强度高、应力集中敏感性小、抗疲劳性能好等特点。

热轧带肋钢筋按屈服强度特征值分为 335 级、400 级和 500 级，根据钢筋的质量（晶粒）不同，又分为普通热轧钢筋和细晶粒热轧钢筋两种类型，详见表 1-10。H、R、B、F 分别为热轧、带肋、钢筋、细晶粒四个词的英文首位字母。

表1-10 热轧带肋钢筋力学性能、工艺性能

外形	强度等级	钢种	公称直径/mm	屈服强度/MPa	抗拉强度/MPa	伸长率A/%	冷弯试验	
							角度	弯心直径
月牙肋	HRB335 HRBF335	低碳钢合金钢	6~25	335	455	17	180°	$d=3a$
			28~40					$d=4a$
			40~50					$d=5a$
	HRB400 HRBF400		6~25	400	540	16	180°	$d=4a$
			28~40					$d=5a$
			40~50					$d=6a$
等高肋	HRB500 HRBF500	中碳钢合金钢	6~25	500	630	15	180°	$d=6a$
			28~40					$d=7a$
			40~50					$d=8a$

2）应用。由表1-9、表1-10可以看出，热轧钢筋随强度等级的提高，屈服强度和抗拉极限强度增大，塑性和韧性下降。普通混凝土非预应力钢筋可根据使用条件选用HPB235钢筋或HRB335、HRB400钢筋；预应力钢筋应优先选用HRB400钢筋，也可以选用HRB335钢筋。热轧钢筋除HPB235是光圆钢筋外，HRB335和HRB400为月牙肋钢筋，HRB500为等高肋钢筋，其粗糙表面可提高混凝土与钢筋之间的握裹力。

（2）预应力混凝土用钢丝及钢绞线。预应力混凝土用钢丝及钢绞线是用优质碳素结构钢经冷加工、再回火、冷轧或绞捻等加工而成的专用产品，也称为优质碳素钢丝及钢绞线。

1）预应力混凝土用钢丝。《预应力混凝土用钢丝》（GB/T 5223—2014）规定，预应力混凝土用钢丝分为冷拉钢丝和消除应力钢丝两类。消除应力钢丝按松弛性能又分为低松弛级钢筋和普通松弛级钢筋，其代号为冷拉钢丝WCD、低松弛钢丝WLR、普通松弛钢丝WNR。按外形分为光圆钢丝（代号为P）、螺旋肋钢丝（代号为H）、刻痕钢丝（代号为I）三种。

2）钢绞线。钢绞线是由七根钢丝经绞捻热处理制成的，《预应力混凝土用钢绞线》（GB/T 5224—2014）规定，钢绞线直径为9~15mm，破坏荷载达220kN，屈服荷载可达185kN。钢绞线按

结构分为五类，用两根钢丝捻制的钢绞线代号为1×2；用三根钢丝捻制的钢绞线代号为1×3；用三根刻痕钢丝捻制的钢绞线代号为1×3I；用七根钢丝捻制的标准型钢绞线代号为1×7；用七根钢丝捻制又经模拔的钢绞线代号为（1×7）C。左捻为S，右捻为Z。

产品标记应包括预应力钢绞线、结构代号、公称直径、强度级别、标准号。如公称直径为12.70mm，强度级别为1860MPa的七根钢丝捻制又经模拔的钢绞线应标记为预应力钢绞线（1×7）C—12.70—1860—GB/T 5224—2014。

除非需方有特殊要求，钢绞线表面不得有油、润滑脂等物质。钢绞线允许有轻微的浮锈，但不得有目视可见的锈蚀麻坑。钢绞线表面允许存在回火颜色。

钢绞线的产品尺寸、外形、质量及允许偏差、力学性能等均应满足《预应力混凝土用钢绞线》（GB/T 5224—2014）的规定。

钢丝和钢绞线均具有强度高、塑性好，使用时不需要接头等优点，尤其适用于需要曲线配筋的预应力混凝土结构、大跨度或重荷载的屋架等。

1.5 防水材料

防水材料是指能防止雨水、雪水、地下水等对建筑物和各种构筑物的渗透、渗漏和侵蚀的材料的总称。防水材料按主要成分分为沥青防水材料、高聚物改性沥青防水材料及合成高分子防水材料三大类；按其应用特点分为刚性防水材料和柔性防水材料两大类；按材质分为防水卷材和防水涂料等。本节仅介绍常用的防水卷材和防水涂料。

1.5.1 防水卷材

防水卷材是一种可卷曲的片状制品，按组成材料分为氧化沥青卷材、高聚物改性沥青卷材、合成高分子卷材三大类。本节仅介绍高聚物改性沥青卷材和合成高分子卷材。

高聚物改性沥青卷材是以合成高分子聚合物改性沥青为涂盖层、纤维织物或纤维毡为胎体，粉状、粒状、片状或薄膜材料为防黏隔离层制成的防水卷材，具有高温不流淌、低温不脆裂、拉伸强度高、延伸率较大等优异性能。常用品种有弹性体改性沥青防水卷材、塑性体改性沥青防水卷材等。

1. 弹性体改性沥青防水卷材

弹性体改性沥青防水卷材是以苯乙烯—丁二烯—苯乙烯（SBS）热塑性弹性体作改性剂，以聚酯毡（PY）、玻纤毡（G）或玻纤增强聚酯毡（PYG）为胎基，两面覆盖以聚乙烯膜（PE）、细砂（S）或矿物粒（片）料（M）制成的卷材，简称 SBS 卷材，属弹性体卷材。

根据《弹性体改性沥青防水卷材》（GB 18242—2008）的规定，SBS 卷材按组成材料不同分为六个品种。卷材幅宽为1000mm，聚酯毡卷材的厚度有 3mm、4mm、5mm 三种；玻纤毡卷材的厚度有 3mm、4mm 两种；玻纤增强聚酯毡卷材的厚度为5mm。每卷面积为 $15m^2$、$10m^2$、$7.5m^2$ 三种。

依据《弹性体改性沥青防水卷材》（GB 18242—2008）的规定，SBS 卷材的主要技术指标包括可溶物含量、耐热性、拉力、不透水性、低温柔性、延伸率、浸水后质量、热老化、渗油性等，并按指标不同分为Ⅰ型和Ⅱ型。

SBS 卷材属高性能的防水材料，保持了沥青防水的可靠性和橡胶的弹性，提高了柔韧性、延展性、耐寒性、黏附性、耐气候性，具有良好的耐高低温性，可形成高强度防水层，并耐穿刺、烙伤、撕裂和疲劳，出现裂缝能自我愈合，能在寒冷气候热熔搭接，密封可靠，被广泛应用于各种领域和类型的防水工程。最适用于工业与民用建筑的常规及特殊屋面防水工程、工业与民用建筑的地下工程的防水工程、防潮及室内游泳池等的防水工程，以及各种水利设施及市政防水工程。

2. 塑性体（APP）改性沥青防水卷材

塑性体改性沥青防水卷材是指以聚酯毡、玻纤毡或玻纤增强聚酯毡为胎基，以无规聚丙烯（APP）或聚烯烃类聚合物作改性剂，两面覆盖以隔离材料所制成的防水卷材，简称 APP 防水卷材。

卷材的品种、规格、外观要求同 SBS 卷材。

依据《塑性体改性沥青防水卷材》（GB 18243—2008）的规定，APP 卷材的主要技术指标包括可溶物含量、耐热性、拉力、不透水性、低温柔性、延伸率、浸水后质量、热老化、渗油性等，并按指标不同分为 Ⅰ 型和 Ⅱ 型。

APP 卷材具有良好的防水性能、耐高温性能和较好的低温柔韧性，能形成高强度、耐撕裂、耐穿刺的防水层，耐紫外线照射、耐久寿命长，热熔法黏结，可靠性强。广泛用于各种工业与民用建筑的屋面及地下防水工程、地铁、隧道桥和高架桥上沥青混凝土桥面的防水工程，尤其适用于较高温度环境的建筑防水工程，但必须用专用胶黏剂黏结。

3. 合成高分子防水卷材

凡是以合成橡胶、合成树脂或者两者的共混体为基料，加入适量的化学助剂和填充料等，经过橡胶或塑料加工工艺制成的无胎加筋或不加筋的弹性或塑性的卷材（片材），统称为合成高分子防水卷材。合成高分子防水卷材主要分为橡胶系列（三元乙丙橡胶、丁基橡胶、聚氨酯等）防水卷材、塑料系列（聚乙烯、聚氯乙烯等）和橡胶塑料共混系列防水卷材三大类。其中又可分为加筋增强型与非加筋增强型两种。

（1）三元乙丙橡胶防水卷材。三元乙丙橡胶简称 EPDM，是以乙烯、丙烯和双环戊二烯或乙叉降冰片烯等三种单体共聚合成的三元乙丙橡胶为主体，掺入适量的丁基橡胶、软化剂、补强剂、填充剂、促进剂和硫化剂等，经过配料、密炼、拉片、过滤、热炼、挤出或压延成型、硫化、检验、分卷、包装等工序加工制成可卷曲的高弹性防水材料。由于它具有耐老化、使用寿命长、拉伸强度高、延伸率大、对基层伸缩或开裂变形适应性强以及重量轻、可单层施工等特点，在国外发展很快。目前在国内属高档防水材料。

（2）聚氯乙烯（PVC）防水卷材。聚氯乙烯防水卷材，是以聚氯乙烯树脂为主要原料，掺入适量的改性剂、抗氧剂、紫外线吸收剂、着色剂、填充剂等，经捏合、塑化、挤出压延、整形、冷却、检验、分卷、包装等工序加工制成可卷曲的片状防水材料。

这类卷材具有抗拉强度较高、延伸率较大、耐高低温性能均较好等特点，而且热熔性能好。卷材接缝时，既可采用冷粘法，也可采用热熔法，使其形成接缝牢固、封闭严密的整体防水层。

PVC 防水卷材根据基料的组分及其特征分为 S 型（以煤焦油与聚氯乙烯树脂混溶料为基料的柔性卷材）和 P 型（增塑聚氯乙烯为基料的塑性卷材）两种类型。聚氯乙烯防水卷材适用于屋面、地下室以及水坝、水渠等工程防水。

4. 防水卷材储存、运输与保管

不同品种、等级、标号、规格的产品应有明显标记，不得混放；卷材应存放在远离火源、通风、干燥的室内，防止日晒、雨淋和受潮；卷材必须立放，高度不得超过两层，不得倾斜或横压，运输时平放不宜超过 4 层；应避免与化学介质及有机溶剂等有害物质接触。

1.5.2　防水涂料

防水涂料是以沥青、高分子合成材料等为主体，在常温下呈无定形流态或半流态，经涂布能在结构物表面结成坚韧防水膜的物料的总称。

防水涂料按成膜物质主要成分分为沥青基涂料（如冷底子油、水性沥青基防水涂料）、高聚物改性沥青基涂料（如氯丁橡胶改性沥青防水涂料、再生橡胶改性沥青防水涂料）和合成高分子涂料（如聚氨酯防水涂料、聚合物水泥防水涂料、丙乙酸酯防水涂料）三类；按液态类型可分为溶剂型（将碎块沥青或热熔沥青溶于有机溶剂经强力搅拌而成）、水乳型（沥青和改性材料微粒经强力搅拌分散于水中或分散在有乳化剂的水中而形成的乳胶体）和反应型（组分之间能发生化学反应并能形成防水膜的涂料）三种。

1. 沥青基防水涂料

（1）冷底子油。冷底子油是用汽油、煤油、柴油、工业苯等有机溶剂与沥青材料溶合制得的沥青涂料。它黏度小，具有良好的流动性，涂刷在混凝土、砂浆、木材等材料基面上，能很快渗入材料的毛细孔隙中，待溶剂挥发后，便与基材牢固结合，使基面具有一定的憎水性，为黏结同类防水材料创造了有利条件。因它多在常温下用作防水工程的打底材料，故名冷底子油。

冷底子油形成的涂膜较薄，一般不单独做防水材料使用，只做某些防水材料的配套材料。施工时在基层上先涂刷一道冷底子油，再刷沥青防水涂料或铺防水卷材。冷底子油随配随用，配制时应采用与沥青相同产源的溶剂。通常采用 30%～40% 的 30 号或 10 号石油沥青，与 60%～70% 的有机溶剂（多用汽油、柴油、煤油等）配制而成。

（2）沥青胶。沥青胶（又称沥青玛蹄脂）是在熔化的沥青中加入粉状或纤维状的填充料（如滑石粉、石灰石粉、白云石粉、云母粉、木纤维等）经均匀混合而成。有冷用和热用两种，前者称为冷沥青胶或冷玛蹄脂，后者称热沥青胶或热玛蹄脂。施工时，一般热用。配制热用沥青胶时，是将沥青加热脱水后与加热干燥的粉状或纤维状填充料热拌而成。热用时填料的作用是为了提高沥青的耐热性，增加韧性，降低低温脆性。冷用时，需加入稀释剂将其稀释，在常温下施工，涂刷成均匀的薄层。《屋面工程技术规范》（GB 50345—2012）将沥青胶按耐热度划分为不同标号，其标号有 S—60、S—65、S—70、S—75、S—80、S—85 六个。沥青胶的标号可根据建筑物的屋面坡度及气温条件进行选择。

（3）乳化沥青。乳化沥青是将沥青热熔后，经高速机械剪切后，沥青以细小的微粒状态分散于含有乳化剂的水溶液中，形成的水包油型的沥青乳液。这种分散体系的沥青为分散相，水为连续相，常温下具有良好的流动性。乳化沥青具有以下优点：

①可以冷施工。乳化沥青用于筑路及其他用途时不需要加热，可以直接与骨料拌和，或直接洒布，或喷涂于骨料及其他物体表面，施工方便，节约能源，减少污染，改善劳动条件。同时减少了沥青的受热次数，缓解了沥青的热老化。

②可以增强沥青与骨料的黏附性及拌和均匀性，节约 10%～20% 的沥青。

③可延长施工季节，气温在 5～10℃ 时仍可施工。

④可扩大沥青的用途。除了广泛地应用在道路工程外，还应用于建筑屋面及洞库防水、金属材料表面防腐、农业土壤改良及植物养生、铁路的整体道床、沙漠的固沙等方面。

乳化沥青应采用带盖的铁桶、塑料桶、编织袋包装，贮存温度不得低于 0℃，应避免暴晒。自出厂之日起，贮存期为 3 个月，运输时不得倾斜或横放。

2. 高聚物改性沥青防水涂料

高聚物改性沥青防水涂料又称橡胶沥青类防水涂料，是以石油沥青为基料，用高分子聚合物进行改性，配制成的防水涂料。常用再生橡胶进行改性或用氯丁橡胶进行改性。该类涂料有水乳型和溶剂型两种。

溶剂型再生橡胶沥青防水涂料，又名再生橡胶沥青防水涂料、JG－1 橡胶沥青防水涂料；溶剂型氯丁橡胶沥青防水涂料，又名氯丁橡胶沥青防水涂料。氯丁橡胶沥青防水涂料是氯丁橡胶和石油沥青溶化于甲基（或二甲苯）而形成的一种混合胶体溶液，其主要成膜物质是氯丁橡胶和石油沥青。

水乳型再生橡胶沥青防水涂料主要成膜物质是再生橡胶和石油沥青；水乳型氯丁橡胶沥青防水涂料，又名氯丁胶乳沥青防水涂料。

溶剂型涂料能在各种复杂表面形成无接缝的防水膜，具有较好的韧性和耐久性，涂料成膜较快，同时具备良好的耐水性和抗腐蚀性，能在常温或较低温度下冷施工。但一次成膜较薄，以汽油或苯为溶剂，在生产、贮运和使用过程中有燃爆危险，氯丁橡胶价格较贵，生产成本较高。水乳型涂料能在复杂表面形成无接缝的防水膜，具有一定的柔韧性和耐久性，无毒、无味、不燃，安全可靠，可在常温下冷施工，不污染环境，操作简单，维修方便，可在稍潮湿但无积水的表面施工。但需多次涂刷才能达到厚度要求，稳定性较差，气温低于 5℃时不宜施工。

3. 合成高分子涂料

合成高分子涂料是以合成橡胶或合成树脂为主要成膜物质，加入其他辅助材料配制而成。合成高分子涂料强度高、延伸大、柔韧性好，耐高、低温性能好，耐紫外线和酸、碱、盐老化能力强，使用寿命长。合成高分子防水涂料按成膜机理和溶剂种类分为溶剂型、水乳型和反应型三种。

（1）聚氨酯防水涂料。聚氨酯（PU）防水涂料也称聚氨酯涂膜防水材料，是以聚氨酯树脂为主要成膜物质的一类高分子反应型防水材料。这一类涂料通过组分间的化学反应直接由液态变为固态，固化时几乎不产生体积收缩，易形成厚膜。按组分分为单组分（S）、多组分（M）两种；按拉伸性能分为Ⅰ、Ⅱ两类，多以双组分形式使用。我国目前有两种，一种是焦油系列双组分聚氨酯涂膜防水材料，另一种是非焦油系列双组分聚氨酯涂膜防水材料。

聚氨酯防水涂料弹性好、延伸率大、耐臭氧、耐候性好、耐腐蚀性好、耐磨性好、不燃、施工操作简便。涂刷3～4层时耐用年限在10年以上。这种涂料主要用于高级建筑的卫生间、厨房、厕所、水池及地下室防水工程和有保护层的屋面防水工程。合成高分子防水涂料其性能优于高聚物改性沥青防水涂料，但价格较贵，可与其他防水材料复合使用，综合防水性能较好。

（2）聚合物水泥防水涂料。聚合物水泥防水涂料又称Js复合防水涂料，是建筑防水涂料中近年来发展起来的一大类别，是以丙烯酸酯、乙烯－乙酸乙烯酯等聚合物乳液和水泥为主要原料，加入填料及其他助剂配制而成，经水分挥发和水泥水化反应固化成膜的双组分水性防水涂料。其性质属有机与无机复合型防水材料。按力学性能分为Ⅰ型、Ⅱ型和Ⅲ型。Ⅰ型适用于活动量较大的基层，Ⅱ型和Ⅲ型适用于活动量较小的基层。

根据《聚合物水泥防水涂料》（GB/T 23445—2009）的规定，聚合物水泥防水涂料主要技术性能包括拉伸强度、断裂伸长率、黏结强度、不透水性和抗渗性等。

聚合物水泥防水涂料对基面有更好的适应能力。它可以在潮湿基面施工，利用水泥与水的水化反应来消除基面含水率较高的不利影响，干燥速度快，异形部位操作简便，施工过程较为安全。

4. 防水涂料的贮运及保管

防水涂料的包装容器必须密封严实，容器表面应有标明涂料名称、生产厂名、生产日期和产品有效期的明显标志；贮运及保管的环境温度应不得低于0℃；严防日晒、碰撞、渗漏；应存放在干燥、通风、远离火源的室内，料库内应配备专门用于有机溶剂的消防措施；运输时，运输工具车轮应有接地措施，防止静电起火。

第 2 章
建筑识图与构造

2.1 建筑识图的基本知识

房屋建筑施工图是指利用正投影的方法把所设计房屋的大小、外部形状、内部布置和室内装修，以及各部分结构、构造、设备等的做法，按照建筑制图国家标准规定绘制的工程图样。它是工程设计阶段的最终成果，同时又是工程施工、监理和计算工程造价的重要依据。

按照内容和作用的不同，房屋建筑施工图分为建筑施工图（简称建施）、结构施工图（简称结施）和设备施工图（简称设施）。通常，一套完整的施工图还包括图纸目录、设计总说明（即首页）等。

图纸目录列出所有图纸的专业类别、总张数、排列顺序、各张图纸的名称、图样幅面等内容，以方便翻阅查找。

设计总说明包括施工图设计依据、工程规模、建筑面积、相对标高与总平面图绝对标高的对应关系、室内外的用料和施工要求说明、采用新技术和新材料或有特殊要求的做法说明、选用的标准图以及门窗表等。设计总说明的内容也可在各专业图纸上写成文字说明。

2.1.1 房屋建筑施工图的组成及作用

1. 建筑施工图的组成及作用

建筑施工图一般包括建筑设计说明、建筑总平面图、平面图、立面图、剖面图及建筑详图等。

建筑施工图表达的内容主要包括空间设计方面内容和构造设计方面内容。空间设计方面包括房屋的造型、层数、平面形状与尺寸以及房间的布局、形状、尺寸、装修做法等内容。构造设计方面内容主要包括墙体与门窗等构配件的位置、类型、尺寸、做法以及室内外装修做法等内容。建造房屋时，建筑施工图主要作为定位放线、砌筑墙体、安装门窗、进行装修的依据。

（1）建筑设计说明主要说明装饰装修的做法和门窗的类型、数量、规格、采用的标准图集等内容。

（2）建筑总平面图也称总图，是用于表达建筑物的地理位置和周围环境，是新建房屋及构筑物施工定位，规划水、暖、电等专业工程总平面图及施工总平面设计的依据。

（3）建筑平面图主要用来表达房屋平面布置的情况，包括房屋平面形状、大小、房间布置，墙或柱的位置、大小、厚度和材料，门窗的类型和位置等，是施工备料、放线、砌墙、安装门窗及编制概预算的依据。

（4）建筑立面图主要用来表达房屋的外部造型，门窗位置及形式，外墙面装修，阳台、雨篷等部分的材料和做法等，在施工中是外墙面造型、外墙面装修、工程概预算、备料等的依据。

（5）建筑剖面图主要用来表达房屋内部垂直方向的高度、楼层分层情况及简要的结构形式和构造方式，是施工、编制概预算及备料的重要依据。

（6）因为建筑物体积较大，建筑平面图、立面图、剖面图常采用缩小的比例绘制，所以房屋上许多细部的构造无法表示清楚，为了满足施工的需要，必须分别将这些部位的形状、尺寸、材料、做法等用较大的比例画出，这些图样就是建筑详图。

2. 结构施工图的组成及作用

结构施工图一般包括结构设计说明、结构平面布置图和结构详图三部分，主要用于表示房屋骨架系统的结构类型、构件布置、构件种类和数量、构件的内部构造和外部形状及大小，以及构件间的连接构造。施工放线、开挖基坑（槽），施工承重构件（如梁、板、柱、墙、基础、楼梯等）主要依据结构施工图。

（1）结构设计说明是带全局性的文字说明，它包括设计依据，工程概况，自然条件，选用材料的类型、规格、强度等级，构造要求，施工注意事项，选用标准图集等，主要针对图形不容易表达的内容，利用文字或表格加以说明。

（2）结构平面布置图是表示房屋中各承重构件总体平面布置的图样，一般包括基础平面布置图、楼层结构布置平面图、屋顶结构平面布置图。

（3）结构详图是为了清楚地表示某些重要构件的结构做法，而采用较大的比例绘制的图样，一般包括梁、柱、板及基础结构详图，楼梯结构详图，屋架结构详图，其他详图（如天沟、雨篷、过梁等）。

3. 设备施工图的组成及作用

设备施工图可按工种不同分成给水排水施工图（简称水施图）、采暖通风与空调施工图（简称暖施图）、电气设备施工图（简称电施图）等。水施图、暖施图、电施图一般都包括设计说明、设备的布置平面图、系统图等内容。设备施工图主要表达房屋给水排水、供电照明、采暖通风、空调、燃气等设备的布置和施工要求等。

2.1.2　房屋建筑施工图的图示特点

房屋建筑施工图的图示特点主要体现在以下几个方面：

（1）施工图的各图样用正投影法绘制。一般在水平面（H 面）上作平面图，在正立面（V 面）作正、背立面图，在侧立面（W面）上作剖面图或侧立面图。平面图、立面图、剖面图是建筑施工图中最基本、最重要的图样。

（2）由于房屋形体庞大，施工图一般都用较小比例绘制，但对于其中需要表达清楚的则用较大比例的详图来表现。

（3）房屋建筑的构配件和材料品种繁多，为作图简便，国家标准采用一系列图例来代表建筑构配件、卫生设备和建筑材料等。为方便读图，国家标准还规定了许多标注符号。构配件的名称应用符号表示。

2.1.3　制图标准的相关规定

1. 常用建筑材料图例和常用符号

常用建筑材料图例见表 2-1。

表 2-1　建筑材料图例

序号	名称	图例	备注
1	自然土壤		包括各种自然土壤
2	夯实土壤		
3	砂、灰土		靠近轮廓线绘较密的点
4	沙砾石、碎砖三合土		
5	石材		
6	毛石		
7	普通砖		包括实心砖、多孔砖、砌块等砌体。断面较窄不易绘出图例时，可涂红
8	耐火砖		包括耐酸砖等砌体
9	空心砖		指非承重砖砌体
10	饰面砖		包括铺地砖、马赛克、陶瓷锦砖、人造大理石等
11	焦渣、矿渣		
12	混凝土		1. 本图例指能承重的混凝土及钢筋混凝土；2. 包括各种强度等级、骨料、添加剂的混凝土；
13	钢筋混凝土		3. 在剖面图上画出钢筋时，不画图例线；4. 断面图形小，不易画出图例线时，可涂黑
14	多孔材料		包括水泥珍珠岩、沥青珍珠岩、泡沫混凝土、非承重加气混凝土、软木、蛭石制品等

续表

序号	名称	图例	备注
15	纤维材料		包括矿棉、岩棉、玻璃棉、麻丝、木丝板、纤维板等
16	泡沫塑料材料	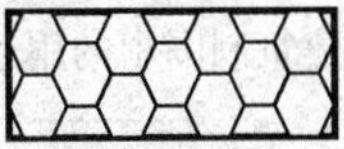	包括聚苯乙烯、聚乙烯、聚氨酯等多孔聚合物类材料
17	木材	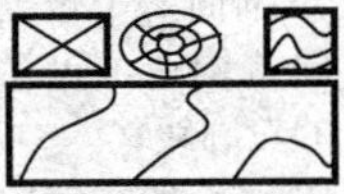	1. 上图为横断面，上左图为垫木、木砖或木龙骨 2. 下图为纵断面
18	胶合板		应注明为×层胶合板
19	石膏板	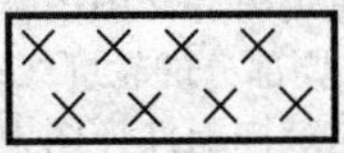	包括圆孔、方孔石膏板、防水石膏板等
20	金属	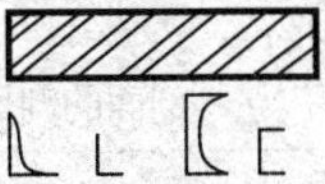	1. 包括各种金属； 2. 图形小时，可涂黑
21	网状材料	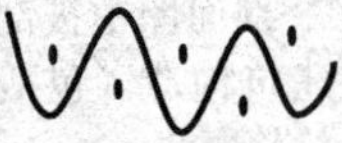	1. 包括金属、塑料网状材料； 2. 应注明具体材料名称
22	液体		应注明具体液体名称
23	玻璃	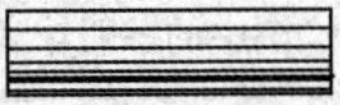	包括平板玻璃、磨砂玻璃、夹丝玻璃、钢化玻璃、中空玻璃、夹层玻璃、镀膜玻璃等
24	橡胶		
25	塑料		包括各种软、硬塑料及有机玻璃等
26	防水材料		构造层次多或比例大时，采用上图比例
27	粉刷		本图例采用较稀的点

注：序号 1、2、5、7、8、13、14、18、22 图例中的斜线、斜短线、交叉斜线等一律为 45°。

构件代号以构件名称的汉语拼音的第一个字母表示，如 Z 表示柱，KZ 表示框架柱。

2. 图线

建筑专业制图、建筑结构专业制图的图线如表 2-2 所示。

表 2-2　图线的线型、宽度及用途

名称		线型	线宽	建筑制图中的用途	建筑结构制图中的用途
实线	粗	——	b	1. 平、剖面图中被剖切的主要建筑构造（包括构配件）的轮廓线； 2. 建筑立面图或室内立面图的外轮廓线； 3. 建筑构造详图中被剖切的主要部分的轮廓线； 4. 建筑构配件详图中的外轮廓线； 5. 平、立、剖面的剖切符号	螺栓、钢筋线、结构平面图中的单线结构件线，钢木支撑及系杆线、图名下横线、剖切线
	中粗	——	$0.7b$	1. 平、剖面图中被剖切的次要建筑构造（包括构配件）的轮廓线； 2. 建筑平、立、剖面图中建筑构配件的轮廓线； 3. 建筑构造详图及建筑构配件详图中的一般轮廓线	结构平面图及详图中剖到或可见的墙身轮廓线、基础轮廓线、钢、木结构轮廓线、筋线
	中	——	$0.5b$	小于 $0.7b$ 的图形、尺寸线、尺寸界线、索引符号、标高符号、详图材料做法引出线、粉刷线、保温层线、地面、墙面的高差分界线等	结构平面及详图中剖到或可见的墙身轮廓线、基础轮廓线、可见的钢筋混凝土构件轮廓线、钢筋线
	细	——	$0.25b$	图例填充线、家具线、纹样线等	标注引出线、标高符号线、索引符号线、尺寸线

续表

名称		线型	线宽	建筑制图中的用途	建筑结构制图中的用途
虚线	粗	▬ ▬ ▬ ▬ ▬	b		不可见的钢筋线、螺栓线、结构平面图中不可见的单线结构构件线及钢、木支撑线
	中粗	▬ ▬ ▬ ▬ ▬	$0.7b$	1. 建筑构造详图及建筑构配件不可见轮廓线； 2. 平面图中起重机（吊机）轮廓线； 3. 拟建、扩建建筑物轮廓线	结构平面图中的不可见构件、墙身轮廓线及不可见钢、木结构构件线、不可见的钢筋线
	中	– – – – –	$0.5b$	小于 $0.5b$ 的不可见轮廓线、投影线	结构平面图中的不可见构件、墙身轮廓线及不可见钢、木结构构件线、不可见的钢筋线
	细	– – – – –	$0.25b$	图例填充线、家具线	基础平面图中的管沟轮廓线、不可见的钢筋混凝土构件轮廓线

续表

名称		线型	线宽	建筑制图中的用途	建筑结构制图中的用途
单点长画线	粗	▬ ▬ ▬	b	起重机（吊车）轨道线	柱间支撑、垂直支撑、设备基础轴线图中的中心线
	细	— · — · —	$0.25b$	中心线、对称线、定位轴线	定位轴线、对称线、中心线
双点长画线	粗	▬ ▬ ▬	b		预应力钢筋线
	细	— ·· — ·· —	$0.25b$		原有结构轮廓线
折断线	细	~~~~	$0.25b$	部分省略表示时的断开界线	断开界线
波浪线	细	〰〰	$0.25b$	部分省略表示时的断开界线，曲线形构件断开界线、构造层次的断开界线	断开界线

注：建筑制图中地平线宽可用 1.4b。

3. 尺寸标注

一个完整的尺寸标注应包括尺寸界线、尺寸线、尺寸起止符号和尺寸数字四个要素，如图 2-1 所示。

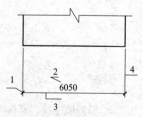

图 2-1 尺寸的组成和标注

1. 尺寸起止符号；2. 尺寸数字；3. 尺寸线；4. 尺寸界线

常用尺寸标注的形式见表 2-3。

表 2-3 常用尺寸的标注形式

注写的内容	注法示例	说明
半径	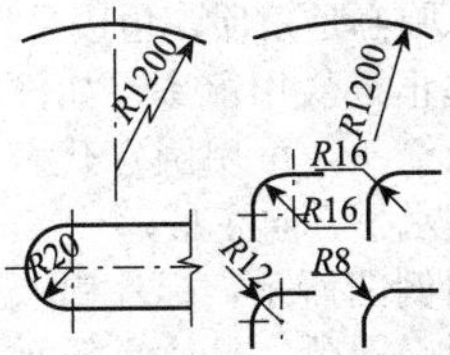	半圆或小于半圆的圆弧应标注半径，如左下方的例图所示。标注半径的尺寸线应一端从圆心开始，另一端画箭头指向圆弧，半径数字前应加注符号"R"。 较大圆弧的半径，可按上方两个例图的形式标注；较小圆弧的半径，可按右下方四个例图的形式标注
直径	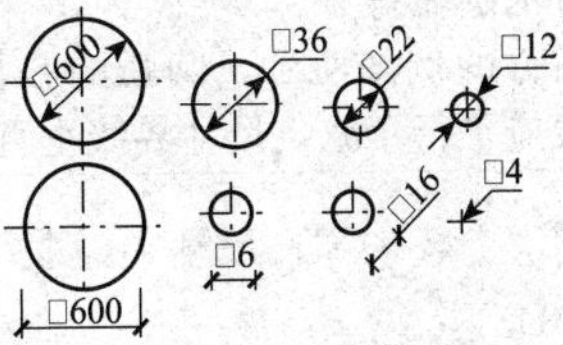	圆及大于半圆的圆弧应标注直径，如左侧两个例图所示，并在直径数字前加注符号"φ"。在圆内标注的直径尺寸线应通过圆心，两端画箭头指至圆弧。 较小圆的直径尺寸，可标注在圆外，如右侧六个例图所示
薄板厚度	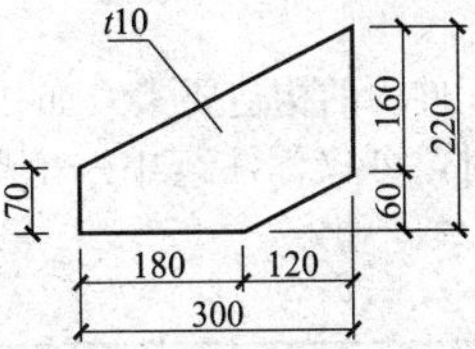	应在厚度数字前加注符号"t"
正方形	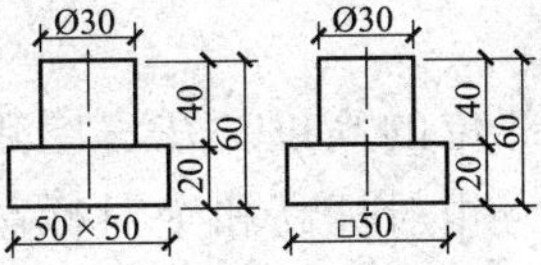	在正方形的侧面标注该正方形的尺寸，可用"边长×边长"标注，也可在边长数字前加正方形符号"□"
坡度	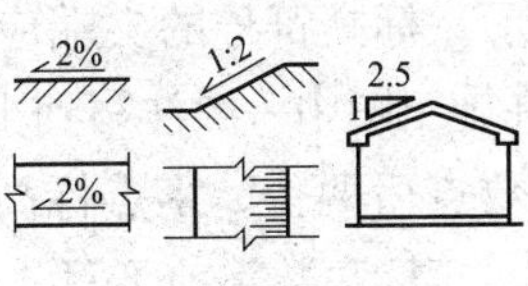	标注坡度时，在坡度数字下应加注坡度符号，坡度符号为单面箭头，一般指向下坡方向。 坡度也可用直角三角形形式标注，如右侧的例图所示。 图中在坡面高的一侧水平面上所画的垂直于水平面的长短相间的等距细实线，称为示坡线，也可用它来表示坡面

45

续表

注写的内容	注法示例	说明
角度、弧长与弦长	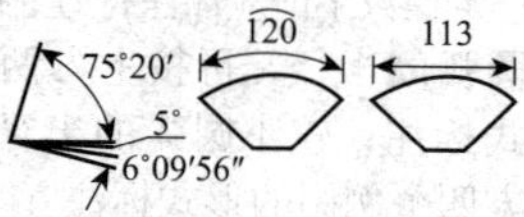	如左方的例图所示，角度的尺寸线是圆弧，圆心是角顶，角边是尺寸界线。尺寸起止符号用箭头；如没有足够的位置画箭头，可用圆点代替。角度的数字应水平方向注写。 如中间例图所示，标注弧长时，尺寸线为同心圆弧，尺寸界线垂直于该圆弧的弦，起止符号用箭头，弧长数字上方加圆弧符号。 如右方的例图所示，圆弧的弦长的尺寸线应平行于弦，尺寸界线垂直于弦
连续排列的等长尺寸	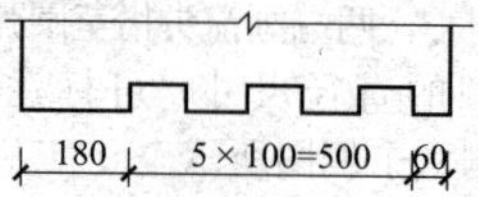	可用"个数×等长尺寸＝总长"的形式标注
相同要素	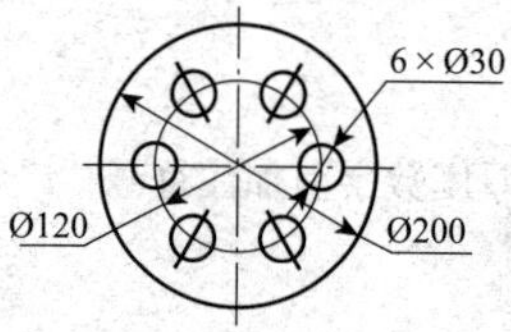	当构配件内的构造要素（如孔、槽等）相同时，可仅标注其中一个要素的尺寸及个数

4. 标高

标高是表示建筑的地面或某一部位的高度。在房屋建筑中，建筑物的高度用标高表示。标高分为相对标高和绝对标高两种。一般以建筑物底层室内地面作为相对标高的零点；我国把青岛市外的黄海海平面作为零点所测定的高度尺寸称为绝对标高。

各类图上的标高符号如图 2-2 所示。标高符号的尖端应指至被标注的高度，尖端可向下也可向上。在施工图中一般注写到小数点后三位即可；在总平面图中则注写到小数点后两位。零点标高注写成 ±0.000，负标高数字前必须加注"－"，正标高数字前不写"＋"。标高单位除建筑总平面图以米为单位外，其余一律以毫米为单位。

在建施图中的标高数字表示其完成面的数值。

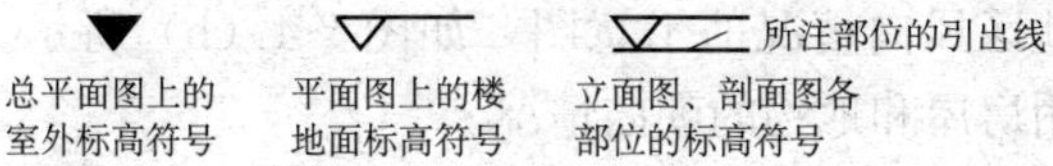

所注部位的引出线
总平面图上的室外标高符号
平面图上的楼地面标高符号
立面图、剖面图各部位的标高符号

图 2-2　标高标注示意图

2.2　房屋建筑施工图的图示方法及内容

2.2.1　建筑施工图

1. 建筑总平面图

（1）建筑总平面图的图示方法。建筑总平面图是将拟建工程四周一定范围内的新建、拟建、原有和将拆除的建筑物、构筑物连同其周围的地形地物状况，用水平投影方法画出的图样。由于总平面图绘图比例较小，图中的原有房屋、道路、绿化、桥梁边坡、围墙及新建房屋等均用图例表示。

（2）总平面图的图示内容。

1）新建建筑物的定位。新建建筑物的定位一般采用两种方法，一是按原有建筑物或原有道路定位；二是按坐标定位。采用坐标定位又分为测量坐标定位和建筑坐标定位两种，如图 2-3 所示。

X 105.00
Y 425.00
A 105.00
B 425.00

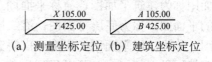

(a) 测量坐标定位 (b) 建筑坐标定位

图 2-3　新建建筑物定位方法示意图

测量坐标定位是指在地形图上用细实线画成交叉十字线的坐标网，X 为南北方向的轴线，Y 为东西方向的轴线，这样的坐标网称为测量坐标网。

建筑坐标定位一般在新开发区、房屋朝向与测量坐标方向不一致时采用。

2）标高。在总平面图中，标高以米为单位，并保留至小数点后两位。

3）指北针或风玫瑰图。指北针是用来确定新建房屋的朝向，其符号如图 2-4（a）所示；风向频率玫瑰图简称风玫瑰图是新建

房屋所在地区风向情况的示意图，如图 2-4（b）所示。风向玫瑰图也能表明房屋和地物的朝向情况。

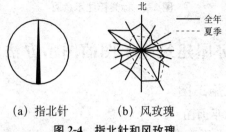

（a）指北针　　　（b）风玫瑰

图 2-4　指北针和风玫瑰

4）建筑红线。我国各地方国土管理部门提供给建设单位的地形图为蓝图，在蓝图上用红色笔画定的土地使用范围的线称为建筑红线。任何建筑物在设计和施工中均不能超过此线。

5）管道布置与绿化规划。

6）附近的地形地物，如等高线、道路、围墙、河流、水沟和池塘等与工程有关的内容。

2. 建筑平面图

（1）建筑平面图的图示方法。假想用一个水平剖切平面沿房屋的门窗洞口的位置把房屋切开，移去上部之后，画出的水平剖面图称为建筑平面图，简称平面图。沿底层门窗洞口切开后得到的平面图，称为底层平面图；沿二层门窗洞口切开后得到的平面图，称为二层平面图，依次可以得到三层、四层平面图等。当某些楼层平面相同时，可以只画出其中一个平面图，称为标准层平面图。房屋屋顶的水平投影图称为屋顶平面图。

凡是被剖切到的墙、柱断面轮廓线用粗实线画出，其余可见的轮廓线用中实线或细实线，尺寸标注和标高符号均用细实线，定位轴线用细单点长画线绘制。砖墙一般不画图例，钢筋混凝土的柱和墙的断面通常涂黑表示。

常用门、窗图例详见门窗构造部分介绍。

（2）建筑平面图的图示内容。

1）表示墙、柱，内外门窗位置及编号，房间的名称或编号，轴线编号。平面图上所用的门窗都应进行编号。门常用"M1"或

"M—1"等表示，窗常用"C1"或"C—1"等表示。在建筑平面图中，定位轴线用来确定房屋的墙、柱、梁等的位置和作为标注定位尺寸的基线。定位轴线的编号宜标注在图样的下方与左侧，横向编号应用阿拉伯数字，从左向右的顺序编写，竖向编号应用大写拉丁字母，从下至上的顺序编写，拉丁字母中的 I、O 及 Z 三个字母不得作轴线编号，以免与数字混淆，如图 2-5 所示。

2）注出室内外的有关尺寸及室内楼、地面的标高。建筑平面图中的尺寸有外部尺寸和内部尺寸两种图，如图 2-5 为某住宅楼平面图。

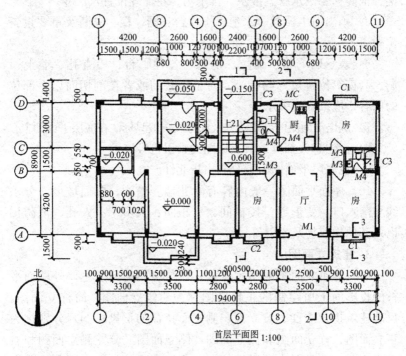

首层平面图 1:100

图 2-5　某住宅平面图

①外部尺寸。在水平方向和竖直方向各标注三道，最外一道尺寸标注房屋水平方向的总长、总宽，称为总尺寸；中间一道尺寸标注房屋的开间、进深，称为轴线尺寸（一般情况下两横墙之间的距离称为"开间"；两纵墙之间的距离称为"进深"）。最里边一道尺寸以轴线定位的标注房屋外墙的墙段及门窗洞口尺寸，称

为细部尺寸。

②内部尺寸。应标注各房间长、宽方向的净空尺寸，墙厚及轴线的关系、柱子截面、房屋内部门窗洞口、门垛等细部尺寸。

在平面图中所标注的标高均为相对标高。底层室内地面的标高一般用±0.000表示。

3）表示电梯、楼梯的位置及楼梯的上下行方向。

4）表示阳台、雨篷、踏步、斜坡、通气竖道、管线竖井、烟囱、消防梯、雨水管、散水、排水沟、花池等位置及尺寸。

5）画出卫生器具、水池、工作台、橱、柜、隔断及重要设备位置。

6）表示地下室、地坑、地沟、各种平台、检查孔、墙上留洞、高窗等位置尺寸与标高，对于隐蔽的或者在剖切面以上部位的内容，应以虚线表示。

7）画出剖面图的剖切符号及编号（一般只标注在底层平面图上）。

8）标注有关部位上节点详图的索引符号。

9）在底层平面图附近绘制出指北针。

10）屋面平面图一般内容有女儿墙、檐沟、屋面坡度、分水线与落水口、变形缝、楼梯间、水箱间、天窗、上人孔、消防梯以及其他构筑物及索引符号等。

3. 建筑立面图

（1）建筑立面图的图示方法。在与房屋的四个主要外墙面平行的投影面上所绘制的正投影图称为建筑立面图，简称立面图。反映建筑物正立面、背立面、侧立面特征的正投影图，分别称为正立面图、背立面图和侧立面图，侧立面图又分左侧立面图和右侧立面图。立面图也可以按房屋的朝向命名，如东立面图、西立面图、南立面图、北立面图。此外，立面图还可以用各立面图的两端轴线编号命名，如①～⑦立面图、Ⓑ～Ⓠ立面图等。

为使建筑立面图轮廓清晰、层次分明，通常用粗实线表示立面图的最外轮廓线。外形轮廓线以内的细部轮廓，如凸出墙面的雨篷、阳台、柱、窗台、台阶、屋檐的下檐线以及窗洞、门洞等用中粗线画出。其余轮廓如腰线、粉刷线、分格线、落水管以及引出线等均采用细实线画出。地平线用标准粗度 1.2～1.4 倍的加粗线画出。

（2）建筑立面图的图示内容，如图 2-6 所示。

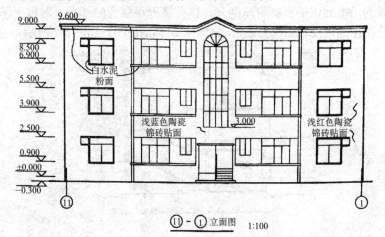

图 2-6 某住宅楼立面图

1）表明建筑物外貌形状、门窗和其他构配件的形状和位置，主要包括室外的地面线、房屋的勒脚、台阶、门窗、阳台、雨篷、室外的楼梯、墙和柱，外墙的预留孔洞、檐口、屋顶、雨水管、墙面修饰构件等。

2）外墙各个主要部位的标高和尺寸。立面图中用标高表示出各主要部位的相对高度，如室内外地面标高、各层楼面标高及檐口标高。相邻两楼面的标高之差即为层高。

立面图中的尺寸是表示建筑物高度方向的尺寸，一般用三道尺寸线表示。最外面一道为建筑物的总高。建筑物的总高是从室外地面到檐口女儿墙的高度。中间一道尺寸线为层高，即下一层楼地面到上一层楼面的高度。最里面一道为门窗洞口的高度及与楼地面的相对位置。

3）建筑物两端或分段的轴线和编号。在立面图中，一般只绘制两端的轴线及编号，以便和平面图对照确定立面图的观看方向。

4）标出各个部分的构造、装饰节点详图的索引符号，外墙面的装饰材料和做法。外墙面装修材料及颜色一般用索引符号表示具体做法。

4. 建筑剖面图

（1）建筑剖面图的图示方法。假想用一个或多个垂直于外墙轴线的铅垂剖切平面将房屋剖开，移去靠近观察者的部分，对留下部分所作的正投影图称为建筑剖面图，简称剖面图，如图 2-7 所示。

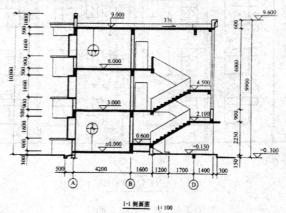

图 2-7　某住宅楼的剖面图

剖面图一般表示房屋在高度方向的结构形式。凡是被剖切到的墙、板、梁等构件的断面轮廓线用粗实线表示，而没有被剖切到的其他构件的轮廓线，则常用中实线或细实线表示。

（2）建筑剖面图的图示内容。

1）墙、柱及其定位轴线。与建筑立面图一样，剖面图中一般只需画出两端的定位轴线及编号，以便与平面图对照，需要时也可以注出中间轴线。

2）室内底层地面、地沟、各层的楼面、顶棚、屋顶、门窗、楼梯、阳台、雨篷墙洞、防潮层、室外地面、散水、脚踢板等能看到的内容。

3）各个部位完成面的标高，包括室内外地面、各层楼面、各层楼梯平台、檐口或女儿墙顶面、楼梯间顶面、电梯间顶面等部位。

4）各部位的高度尺寸。建筑剖面图中高度方向的尺寸包括外部尺寸和内部尺寸。外部尺寸的标注方法与立面图相同，包括门、窗洞口的高度，层间高度，总高度三道尺寸。内部尺寸包括地坑深度、隔断、搁板、平台、室内门窗等的高度。

5）楼面和地面的构造。一般采用引出线指向所说明的部位，按照构造的层次顺序，逐层加以文字说明。

6）详图的索引符号。

建筑剖面图中不能详细表示清楚的部位应引出索引符号，另用详图表示。详图索引符号如图 2-8 所示。

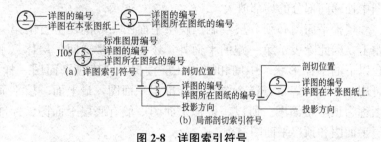

图 2-8　详图索引符号

5. 建筑详图

需要绘制详图或局部平面放大图的位置一般包括内外墙节点、楼梯、电梯、厨房、卫生间、门窗、室内外装饰等。详图符号如图 2-9 所示。

（1）内外墙节点详图。内外墙节点一般用平面和剖面表示。

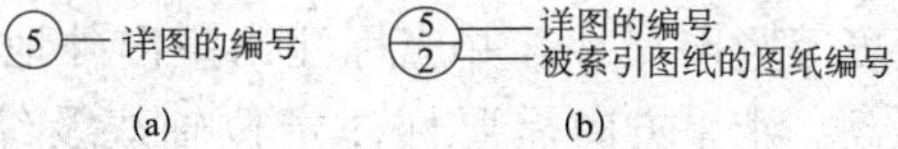

平面节点详图表示出墙、柱或构造柱的材料和构造关系。

剖面节点详图即外墙身详图。外墙身详图的剖切位置一般设在门窗洞口部位，它实际上是建筑剖面图的局部放大详图，主要表示地面、楼面、屋面与墙体的关系，同时也表示排水沟、散水、勒脚、窗台、窗檐、女儿墙、天沟、排水口等位置及构造做法。外墙身详图可以从室内外地坪、防潮层处开始一直画到女儿墙压顶。实际工程中，为了节省图纸，通常在门窗洞口处断开，或者重点绘制地坪、中间层、屋面处的几个节点，而将中间层重复使

图 2-9　详图符号

53

用的节点集中到一个详图中表示。

（2）楼梯详图。楼梯详图一般包括三部分内容，即楼梯平面图、楼梯间剖面图和楼梯节点详图。

1）楼梯平面图。楼梯平面图的形成与建筑平面图一样，即假设用一水平剖切平面在该层往上行的第一个楼梯段中剖切开，移去剖切平面及以上部分，将余下的部分按正投影的原理投射在水平投影面上所得到的图样。因此，楼梯平面图实质上是建筑平面图中楼梯间部分的局部放大。

楼梯平面图必须分层绘制，底层平面图一般剖在上行的第一跑上，因此除表示第一跑的平面外，还能表明楼梯间一层休息平台以下的平面形状。中间相同的几层楼梯，同建筑平面图一样，可用一个图来表示，这个图称为标准层平面图，最上面一层平面图称为顶层平面图。所以，楼梯平面图一般有底层平面图、标准层平面图和顶层平面图三个。

2）楼梯间剖面图。假想用一铅垂剖切平面，通过各层的一个楼梯段，将楼梯剖切开，向另一未剖切到的楼梯段方向进行投影，所绘制的剖面图称为楼梯间剖面图。

楼梯间剖面图只需绘制出与楼梯相关的部分，相邻部分可用折断线断开。尺寸需要标注层高、平台、梯段、门窗洞口、栏杆高度等竖向尺寸，并应标注出室内外地坪、平台、平台梁底面的标高。水平方向需要标注定位轴线及编号、轴线间尺寸、平台、梯段尺寸等。梯段尺寸一般用"踏步宽（高）×级数＝梯段宽（高）"的形式表示。

3）楼梯节点详图。楼梯节点详图一般包括踏步做法详图、栏杆立面做法以及梯段连接、与扶手连接的详图、扶手断面详图等。这些详图是为了弥补楼梯间平、剖面图表达上的不足，而进一步表明楼梯各部位的细部做法。因此，一般采用较大的比例绘制。

2.2.2 结构施工图

1. 结构设计说明

结构设计说明是带全局性的文字说明，它包括设计依据，工程概况，自然条件，选用材料的类型、规格、强度等级，构造要求，施工注意事项，选用标准图集等。

2. 基础图的图示方法及内容

基础图是建筑物正负零标高以下的结构图，一般包括基础平面图和基础详图。

（1）基础平面。基础平面图是假想用一个水平剖切平面在室内地面处剖切建筑，并移去基础周围的土层，向下投影所得到的图样。

在基础平面图中，只画出基础墙、柱及基础底面的轮廓线，基础的细部轮廓（如大放脚或底板）可省略不画。凡被剖切到的基础墙、柱轮廓线，应画成中实线，基础底面的轮廓线应画成细实线。当基础墙上留有管洞时，应用虚线表示其位置，具体做法及尺寸另用详图表示。当基础中设基础梁和地圈梁时，用粗单点长画线表示其中心线的位置。

凡基础宽度、墙厚、大放脚、基底标高、管沟做法不同时，均以不同的断面图表示。图 2-10 为基础平面图示例。

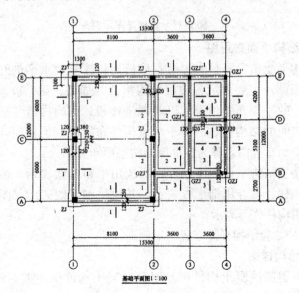

基础平面图1：100

图 2-10　基础平面图示例

（2）基础详图。不同类型的基础，其详图的表示方法有所不同。如条形基础的详图一般为基础的垂直剖面图；独立基础的详图一般应包括平面图和剖面图。

基础详图的轮廓线用中实线表示，断面内应画出材料图例；对钢筋混凝土基础，则只画出配筋情况，不画出材料图例。

基础详图中需标注基础各部分的详细尺寸及室内、室外、基础底面标高等。

基础详图示例如图 2-11 所示。

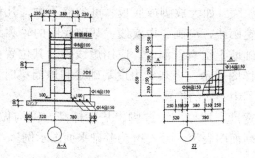

图 2-11　基础详图示例

3. 结构平面布置图

结构平面布置图是假想沿着楼板面将建筑物水平剖开所作的水平剖面图，主要表示各楼层结构构件（如墙、梁、板、过梁和圈梁等）的平面布置情况，以及现浇楼板、梁的构造与配筋情况及构件之间的结构关系。对于承重构件布置相同的楼层，只画一个结构平面布置图，称为标准层结构平面布置图。

在楼层结构平面图中，外轮廓线用中粗实线表示，被楼板遮挡的墙、柱、梁等用细虚线表示，其他用细实线表示，图中的结构构件用构件代号表示。

图 2-12 为结构平面布置图示例。

4. 结构详图

（1）钢筋混凝土构件图。钢筋混凝土构件图主要是配筋图，有时还有模板图、钢筋表。

配筋图主要表达构件内部的钢筋位置、形状、规格和数量，

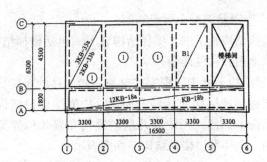

图 2-12 楼板平面布置图示例

一般用立面图和剖面图表示。绘制钢筋混凝土构件配筋图时，假想混凝土是透明体，使包含混凝土中的钢筋可见。为了突出钢筋，构件外轮廓线用细实线表示，而主筋用粗实线表示。箍筋用中实线表示，钢筋的截面用小黑点涂黑表示。

钢筋的标注有下面两种方式：

1) 标注钢筋的直径和根数，如图 2-13 所示。

图 2-13 钢筋标注（一）　　　　　　**图 2-14 钢筋标注（二）**

2) 标注钢筋的直径和相邻钢筋中心距，如图 2-14 所示。

钢筋符号见表 2-4。

表 2-4 钢筋图示符号

序号	牌号	符号
1	HPB300	Φ
	HRB335	Φ
2	HRB400	Φ
	HRB500	Φ
	HRBF335	Φ F
3	HRBF400	Φ F
	HRBF500	Φ F
4	RRB400	Φ R

图 2-15 为钢筋混凝土梁配筋图。

（2）楼梯结构施工图。楼梯结构施工图包括楼梯结构平面图、楼梯结构剖面图和构件详图。

1）楼梯结构平面图。根据楼梯梁、板、柱的布置变化，楼梯结构平面图包括底层楼梯结构平面图、中间层楼梯结构平面图和顶层楼梯结构平面图。当中间几层的结构布置和构件类型完全相同时，只用一个标准层楼梯结构平面图表示。

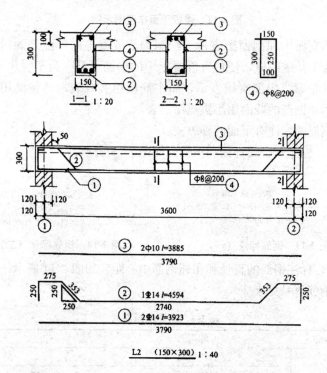

图 2-15　钢筋混凝土梁配筋图

在各楼梯结构平面图中，主要反映出楼梯梁、板的平面布置，轴线位置与轴线尺寸，构件代号与编号，细部尺寸及结构标高，同时确定纵剖面图位置。当楼梯结构平面图比例较大时，还可直接绘制出休息平台板的配筋。

钢筋混凝土楼梯的可见轮廓线用细实线表示，不可见轮廓线用细虚线表示，剖切到的砖墙轮廓线用中实线表示，剖切到的钢筋混凝土柱用涂黑表示，钢筋用粗实线表示，钢筋截面用小黑点表示。

2）楼梯结构剖面图。楼梯结构剖面图是根据楼梯平面图中剖面位置绘出的楼梯剖面模板图。楼梯结构剖面图主要反映楼梯间承重构件梁、板、柱的竖向布置、构造和连接情况，平台板和楼层的标高以及各构件的细部尺寸。

3）楼梯构件详图。楼梯构件详图包括斜梁、平台梁、梯段板、平台板的配筋图，其表示方法与钢筋混凝土构件施工图表示方法相同。当楼梯结构剖面图比例较大时，也可直接在楼梯结构剖面图上表示梯段板的配筋。

（3）现浇板配筋图。现浇板配筋图一般在结构平面图上绘制，当有多块板配筋相同时也可以采用编号的方法代替。现浇板配筋图的图示要点如下：

1）在平面上详细标注出预留洞与洞口加筋或加梁的情况，以及预埋件的情况。

2）梁可采用粗点画线绘制，当梁的位置不能在平面上表达清楚时应增加剖面。

3）当相邻板的厚度、配筋、标高不同时，应增加剖面。板底圈梁可以用增加剖面图的方法表示，当板底圈梁截面和配筋全部相同时也可以用文字表述。

4）配合使用钢筋表或钢筋简图，表达图中所有现浇板的配筋情况和板的尺寸。

图 2-16 为现浇板配筋图示例。

需要说明的是，现浇梁、柱、板、板式楼梯、基础的施工图常采用混凝土结构施工图平面整体设计方法（简称平法）。按平面整体设计方法设计的结构施工图通常简称平法施工图，其制图规则和构造详图参见《混凝土结构施工图平面整体表示方法制图规则和构造详图》（11G101）图集。

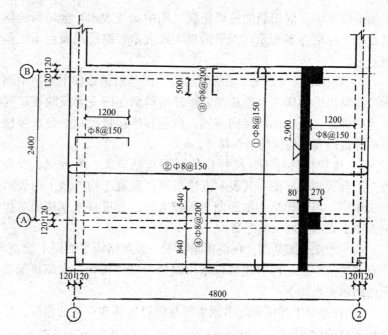

图 2-16　现浇板配筋图

2.3　建筑构造

2.3.1　建筑物的等级

1. 建筑的含义

建筑一般是指供人们进行生产、生活或活动的房屋、场所、设施。通常认为是建筑物和构筑物的总称。直接供人们使用的建筑称为建筑物，如住宅、学校、办公楼、影剧院、体育馆等。间接供人们使用的建筑称为构筑物，如水塔、蓄水池、烟囱、贮油罐等。

2. 民用建筑的等级

民用建筑可按耐火等级和耐久等级划分。

（1）耐火等级。根据《建筑设计防火规范》（GB 50016—2014）的规定，按照建筑材料和构件的燃烧性能及耐火极限，把建筑的耐火等级划分成四级。一级的耐火性能最好，四级最差。

（2）耐久年限。以建筑主体结构的正常使用年限分成四级：

1）一级建筑：耐久年限为 100 年以上，适用于重要建筑和高层建筑。

2）二级建筑：耐久年限为 50～100 年，适用于一般建筑。

3）三级建筑：耐久年限为 25～50 年，适用于次要建筑。

4）四级建筑：耐久年限为 15 年以下，适用于临时性建筑。

大量性建造的建筑（如住宅）属于次要建筑，其耐久等级应为三级。

2.3.2 建筑物的构造组成

图 2-17 为一民用建筑的直观图，从中我们能清楚地看到一幢建筑的重要组成部分。

（1）基础：建筑物下部的承重构件，作用是承受建筑物的全部荷载，并传递给地基。

（2）墙体和柱：建筑物的承重与围护构件。作为承重构件，它要承受屋顶和楼层传来的荷载，并将这些荷载传给基础。墙体的围护作用主要体现在抵御各种自然因素的影响与破坏，当然，可能要承受一些水平方向的荷载。

（3）楼地层：建筑中的水平承重构件，它要承受楼层上的家具、设备和人的重量，并将这些荷载传给墙或柱。

（4）楼梯：楼房建筑中的垂直交通设施，其作用是供人们平时上下，并供紧急疏散时使用。

（5）屋顶：建筑物顶部的围护和承重构件，由屋面和屋面承重结构两部分组成。屋面抵御自然界雨、雪等的侵袭，屋面承重结构承受建筑顶部的荷载。

（6）门窗：提供建筑物室内外及不同房间之间的联系，同时还兼有分隔房间、采光通风和围护的作用。

在建筑物中，除上述六大组成部分以外，还有一些附属部分，如阳台、雨篷、台阶、勒脚等。建筑物各组成部分起着不同的作用，但概括起来主要有承重作用和围护与分隔作用两大类。

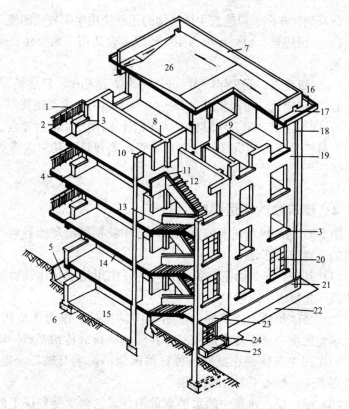

图 2-17 民用建筑构造组成

1. 扶手；2. 栏杆；3. 窗台；4. 阳台；5. 采光井；6. 基础；7. 女儿墙；8. 内横墙；9. 隔墙；10. 内纵墙；11. 扶手；12. 栏板；13. 楼梯；14. 楼板；15. 地下室；16. 挑檐沟；17. 雨水口；18. 落水管；19. 外墙；20. 窗；21. 勒脚；22. 散水；23. 雨篷；24. 门；25. 台阶；26. 屋顶

2.3.3 建筑模数协调

1. 建筑模数和模数制

为了建筑设计构件生产以及施工等方面的尺寸协调，从而提高建筑工业化的水平，降低造价并提高房屋设计和建造的质量和速度，建筑设计应采用国家规定的建筑统一模数制。

建筑模数是选定的标准尺度单位，作为建筑物、建筑构配件、建筑制品以及有关设备尺寸相互间协调的基础。根据我国制定的《建筑模数协调标准》(GB/T 50002—2013)，我国采用如下模数制：

(1) 基本模数。数值为 100mm，用 M 表示，即 1M＝100mm。

(2) 导出模数。

1) 扩大模数：基本模数的整数倍，扩大模数的基数为 2M、3M、6M、12M、15M、30M、60M 共七个，其相应的数值分别为 200mm、300mm、600mm、1200mm、1500mm、3000mm、6000mm。主要用于建筑物的开间或柱距、进深或跨度、层高、构配件截面尺寸和门窗洞口等处。

2) 分模数：整数除基本模数的数值，分模数的基数为 M/10、M/5、M/2。主要用于缝隙、构造节点和构配件截面等处。

(3) 模数数列。模数数列是以基本模数、扩大模数、分模数为基础扩展成的一系列尺寸。模数数列的应用如下：

1) 水平基本模数的数列幅度：1～20M，主要用于门窗洞口和构配件截面等处。

2) 竖向基本模数的数列幅度：1～36M，主要用于建筑物的层高、门窗洞口和构配件截面等处。

3) 水平扩大模数的数列幅度：

3M (3～75M)；6M (6～96M)；12M (12～120M)；15M (15～120M)；30M (30～360M)；60M (60～360M)，主要用于建筑物的开间、进深、柱距、跨度、构配件尺寸和门窗洞口等处。

4) 竖向扩大模数的数列幅度不受限制。3M 模数数列，应主要用于建筑物的高度、层高和门窗洞口等处。

5) 分模数数列幅度：1/10M (1/10～2M)；1/5M (1/5～4M)；1/2M (1/2～10M)，主要用于缝隙、构造节点、构配件断面等处。

2. 标志尺寸、构造尺寸、实际尺寸

(1) 标志尺寸：应符合模数数列的规定，用于标志建筑物定位轴线、定位线之间的垂直距离（如开间或柱距、进深或跨度、层高等）以及建筑构配件、建筑组合件、建筑制品及有关设备等界限之间的尺寸。

（2）构造尺寸：建筑构配件、建筑组合件、建筑制品等的设计尺寸。一般情况下，标志尺寸减去缝隙为构造尺寸，如图 2-18 所示。

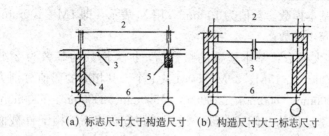

（a）标志尺寸大于构造尺寸　（b）构造尺寸大于标志尺寸

图 2-18　标志尺寸与构造尺寸的关系

1. 缝隙；2. 构造尺寸；3. 预制板、预制梁；4. 墙；5. 梁；6. 标志尺寸

（3）实际尺寸：建筑构配件、建筑组合件、建筑制品等生产制作后的实际尺寸。实际尺寸与构造尺寸间的差数应符合建筑公差的规定。

2.4　基础与地下室

2.4.1　基础的类型和构造

1. 地基与基础的概念

图 2-19 为一条形基础的剖面图，从中可以看出地基和基础的构成，它们是：

（1）基础：建筑物地面以下的承重构件。它的作用是承受建筑物上部结构传下来的荷载，并把这些荷载连同自重一起传给地基。

（2）地基：承受由基础所传下来的荷载的土层。地基承受上部荷载而产生的应力和应变随着土层深度的增加而减小，在达到一定深度后，就可以忽略不计。

（3）持力层：直接承受上部荷载的土层。

（4）下卧层：持力层下面的土层称为下卧层。

（5）基础埋深：从室外地坪至基础底面的垂直距离。基础埋深一般由勘测部门根据地基情况确定。

（6）基础宽度：基础底面的宽度。基础宽度由计算确定。

2. 基础的类型

基础的类型较多，按基础所采用材料和受力特点分，有刚性基础和柔性基础；依构造形式分，有条形基础、独立基础、筏形基础、桩基础、箱形基础等。

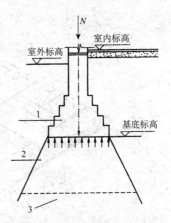

图 2-19　地基与基础的构成

1. 基础；2. 持力层；3. 下卧层

2.4.2　地下室的构造

地下室是建筑物底层下面的房间，它是在有限的占地面积内争取到的使用空间，可作安装设备、储藏存放、商场、餐厅、车库以及战备防空等多种用途。当高层建筑的基础埋入很深时，利用这一深度建造一层或多层地下室，并不需要增加太多的投资，比较经济。

（1）地下室的类型。按功能分为普通地下室和人防地下室；按结构材料分为砖墙结构地下室和混凝土墙结构地下室；按埋入地下深度的不同，分为全地下室和半地下室。全地下室是指地下室地面低于室外地坪的高度超过该地下室净高的 1/2；半地下室是指地下室地面低于室外地坪的高度超过该地下室净高的 1/3，且不超过 1/2。

（2）地下室的组成。地下室一般由墙体、底板、顶板、门窗、楼梯等几部分组成。

2.5　墙体

2.5.1　墙体的类型和基本构造

1. 墙的类型与作用

如图 2-20 所示是某宿舍楼的水平剖切轴测图。从图中可以看到很多面墙，由于这些墙所处位置不同，以及建筑结构布置方案的关系，它们在建筑中起的作用也不同。

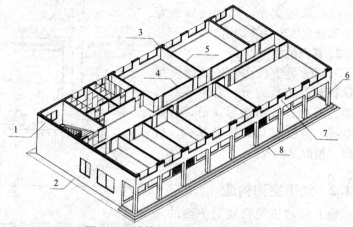

图 2-20　墙体的位置、作用和名称

1. 山墙（横向）；2. 散水；3. 纵向外墙；4. 纵向内墙；5. 横向内墙；6. 柱；7. 窗间墙；8. 台阶

（1）墙体的种类。

1）按受力：可分为承重墙、非承重墙。

2）按方向：可分为纵墙、横墙（两端称为山墙）。凡沿建筑物纵轴方向的墙称为纵墙，沿横轴线方向的墙称为横墙，通常还把外横墙称为山墙。

3）按位置：分为外墙（围护墙）、内墙（分隔墙）。

窗与窗或窗与门之间的墙称为窗间墙，窗洞下方的墙称为窗下墙，屋顶上高出屋面的墙称为女儿墙。

4）按构造方法：分为实体墙、空体墙和组合墙。

5）按材料：可分为砖墙、石墙、土墙、混凝土墙、中小砌块墙、大型板墙、框架轻板墙等。

6）按施工方法：分为叠砌式、现浇整体式和预制装配式。

（2）墙体结构的布置方案。一般民用建筑有两种承重方式，即框架承重和墙体承重。墙体承重又可分为横墙承重、纵墙承重、纵横墙混合承重、墙与内柱混合承重等结构布置方案，如图 2-21 所示。

2. 砖墙的构造

（1）砖墙的材料。砖墙是用砂浆将砖按一定技术要求砌筑成的砌体，其主要材料是砖与砂浆，必要时放置一定数量的拉结筋。

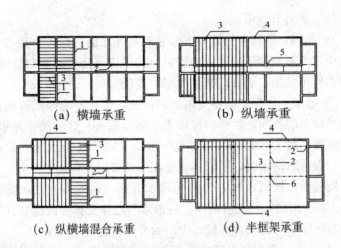

(a) 横墙承重   (b) 纵墙承重

(c) 纵横墙混合承重   (d) 半框架承重

图 2-21 墙体的结构布置

1. 横墙；2. 梁；3. 楼板；4. 外纵墙；5. 内纵墙；6. 柱

(2) 砖墙的砌法。

1) 砖墙的名称。墙厚的名称习惯以砖长的倍数来称呼，根据砖块的尺寸和数量可组合成不同厚度的墙体，见表 2-5。

表 2-5 墙厚名称

墙厚名称	1/4 砖墙	1/2 砖墙	3/4 砖墙	1 砖墙	1 砖半墙	2 砖墙	2 砖半墙
标志尺寸	60	120	180	240	370	490	620
构造尺寸	53	115	178	240	365	490	615
习惯称呼	60 墙	12 墙	18 墙	24 墙	370 墙	48 墙	62 墙

2) 砌法。砌法有全顺法（12 墙）、一顺一丁法（24 以及 24 以上墙）、三顺一丁法（24 以及 24 以上墙）、两平一侧法（18 墙）、梅花墙砌法（与一顺一丁 相同）。

其余材料砖墙，基本相同。砖墙的砌法如图 2-22 所示。

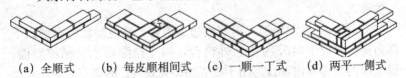

(a) 全顺式   (b) 每皮顺相间式   (c) 一顺一丁式   (d) 两平一侧式

图 2-22 砖墙的组砌方式

（3）墙身节点构造。

1）勒脚：勒脚在外墙身下部靠近室外地面的部位。勒脚经常受地面水、屋檐滴下的雨水的侵蚀，容易因受碰撞而损坏。所以，勒脚的作用是保护墙身；防止受潮，美观。

2）散水：为保护墙不受雨水的侵蚀，常在外墙四周将地面做成向外倾斜的坡面，以便将屋面雨水排至远处，这一坡面称散水。散水坡度一般为 3‰～5‰，宽度一般为 600～1000mm。当屋面排水方式为自由落水时，要求其宽度比屋檐长出 200mm。

用混凝土做散水时，为防止散水开裂，每隔 6～12m 留一条 20mm 的变形缝，用沥青灌实；在散水与墙体交界处设缝分开，嵌缝用弹性防水材料沥青麻丝，上用油膏作封缝处理。

3）明沟：明沟是设置在外墙四周的将屋面落水有组织地导向地下排水集井的排水沟，其主要目的在于保护外墙墙基。明沟适用于室外有组织地排水的工程。

4）防潮层：勒脚的作用是防止地面水对墙身的侵蚀，墙身防潮层的作用是防止地面水、土壤中的潮气和水分因毛细管沿墙面上升，提高墙身的坚固性和耐久性，并保证室内干燥卫生，防止物品霉烂等。水平防潮层位置与室内地面垫层所采用的材料有关。

当室内地面垫层为刚性垫层（不透水材料，如混凝土）时，防潮层的位置在地面垫层厚度范围之内，为便于施工，一般在室内首层地坪以下 60mm。

当室内地面垫层为非刚性垫层（透水材料，如碎石、碎砖）时，防潮层位置应与室内首层地坪齐平或高出室内地面 60mm。

当室内地面出现高差时，应在不同标高的室内地坪处的墙体上，设置上下两道水平防潮层，在两道水平防潮层之间靠土层的墙面设置一道垂直防潮层。主要是防止土层中的水分从地面高的一侧渗入墙内。

5）窗台：窗洞矩形，窗洞底边为窗台，其他形状的窗洞以下部为窗台，设于窗外的称为外窗台，用于排除雨水，保护墙面；设于窗内的称为内窗台，用于放置物品和观赏性的盆花之类。

6）过梁：为了支承门窗洞口上面墙体的重量，并将它传给洞口两边的墙体，就需要在门窗洞口顶上放一根横梁，这根横梁就叫做过梁。在民用建筑中一般常见的过梁有三种，即钢筋砖过梁、钢筋混凝土过梁、预制钢筋混凝土过梁。

7）变形缝：墙体变形缝包括伸缩缝、沉降缝、抗震缝，用于防止或减轻由于温度变化、基础不均匀沉降和地震造成的墙体破坏。一般情况下，沉降缝可以与伸缩缝合并，抗震缝的设置也应结合伸缩缝、沉降缝的要求统一考虑。设置变形缝的条件及位置应符合国家有关规范的规定。

①伸缩缝。当气温变化时，墙体将因热胀冷缩而可能出现不规则破坏。为了防止这种破坏，将建筑物沿长度分成几段，使各段有独立伸缩的可能，各段间的垂直缝隙从建筑物基础顶面开始，将墙体、楼地面、屋顶等全部分开，这种缝叫伸缩缝，也称温度缝。

伸缩缝的宽度，一般为 20～30mm。为了避免风、雨对室内的影响，伸缩缝应砌成错口式和企口式，也可做成平缝。

伸缩缝内用经防腐处理的可塑材料填塞，如沥青麻丝、橡胶条、塑料条。外墙面上用铁皮、镀锌薄钢板、彩色薄钢板、铝皮等盖缝，内墙面用木制盖封条或有一定装饰效果的金属调节盖板装修。

②沉降缝。当建筑物的地基承载能力差别较大或建筑物相邻部分的高度、荷载、结构类型有较大不同时，为防止地基不均匀沉降而破坏，故应在适当的位置设置垂直的沉降缝。沉降缝应从基础底面起，沿墙体、楼地面、屋顶等在构造上全部断开，使相邻两侧各层单元各自沉降互不影响。

沉降缝可作为伸缩缝使用。沉降缝的构造与伸缩缝的构造基本相同。沉降缝的宽度随着地基情况和建筑物的高度而不同，地基越软弱，建筑物越高，缝宽也就越大。墙体的沉降缝盖缝条应满足水平伸缩和垂直沉降变形的要求，屋顶沉降缝处的金属调节盖封皮或其他构件应考虑沉降变形与维修余地。

③防震缝。为了防止建筑物的各部分在地震时相互撞击造成变形和破坏而设置的缝叫做防震缝。防震缝在建筑物中，基础处有的不断开，而其他部位则全部设置，构造要求与伸缩缝相似。一般多层砌体结构建筑的缝宽为 50～100mm，且为平缝。

由于防震缝的缝隙较大，故在外墙缝处常用可伸缩的、呈 V 形或 W 形的镀锌铁皮或铝皮遮盖。地震设防房屋的伸缩缝和沉降缝应符合防震缝要求。

3. 墙体的抗震构造

在 7 度以上的地震设防区，根据国家有关规定，对于以砖砌墙体为结构的建筑物应作出一定的限制和要求，如限制房屋的总高度和层数，限制建筑体型的高宽比，限制横墙的最大间距等。并可设置防震缝，提高砌体砌筑砂浆的强度等。同时，还可以采取以下措施以提高建筑物的整体刚度和稳定性。

（1）圈梁。圈梁的设置主要是为增强房屋整体的刚度和墙体的稳定性，圈梁一般采用钢筋混凝土制成，其宽度宜与墙体厚度相同。当墙厚 $h \geqslant 240mm$ 时，其宽度不宜小于 $2h/3$。圈梁高度不应小于 120mm，通常与砖的皮数尺寸相配合。纵向钢筋不应少于 4Φ10，箍筋间距不应大于 300mm，纵向钢筋应当对称布置。圈梁应贯通房屋纵横墙，四周圈通，形成"腰箍"。若设在基础上部，称为地圈梁。

（2）构造柱。钢筋混凝土构造柱的作用是与水平设置的圈梁一起形成空间骨架，以增强建筑物的整体刚度，提高墙体抵抗变形的能力，使得砖墙在受震开裂后也不倒塌。

钢筋混凝土构造柱一般设置在外墙转角，内外墙交界处，楼梯间、电梯间的四角以及部分较长墙体的中部。构造柱的最小断面尺寸为 240mm×180mm，最小配筋 4Φ12，箍筋 Φ6@250。构造柱的下端应锚固在钢筋混凝土条形基础或基础圈梁内，上部与楼层圈梁连接。在施工时应先放置构造柱的钢筋骨架后再砌墙体，并每隔 250mm 留马牙槎，以加强构造柱与墙体的咬合连接，并应沿墙高每隔 500mm 设 2Φ6 的拉结钢筋、每边伸入墙内不少于 1000mm，用不低于 C15 的混凝土逐段现浇混凝土。

2.5.2 隔墙和复合墙体的构造

1. 隔墙的构造

用于分隔建筑物内部空间的非承重墙称为隔墙、隔断。隔墙、隔断的区别是隔墙到顶，隔断不到顶，尚不镂空。

隔墙的类型很多，有砌块隔墙、骨架隔墙和板材隔墙三大类。安装方式有固定、可活动等形式。

2. 复合墙体的构造

复合墙体是指由两种以上材料组合而成的墙体。保温复合墙是由高效保温材料与结构材料、饰面材料组合而成的节能外墙，它以结构层承重、以轻质材料保温、饰面材料装饰，实现各用所长，共同工作。

保温层的设置主要有三种，保温层设置在外墙室内一侧，称为内保温；保温层设置在外墙的室外一侧，称为外保温；保温层设置在外墙的中间部位，称为夹心保温。

外墙外保温是目前大力推广的一种建筑保温节能技术。这种技术不仅适用于新建的房屋，也适用于旧房改造，适用范围广，技术含量高；外保温层包在主体结构的外侧，能保护主体结构，延长建筑物的寿命；有效减少建筑结构的热桥，消除了冷凝，同时增加了建筑的有效空间，提高了居住的舒适度。

（1）聚苯乙烯泡沫塑料板薄抹灰外墙外保温。

如表 2-6 所示，该构造采用聚苯板作保温隔热层用胶黏剂与基层墙体黏结，辅以锚栓固定（当建筑物高度不超过 20m 时，也可采用单一的黏结固定方式，由个体工程设计具体情况选定并说明）。

表 2-6 聚苯乙烯泡沫塑料板薄抹灰外墙外保温基本构造

基层墙体	保温隔热层和固定方式	防护层	饰面层
混凝土墙体各种砌体墙体	聚苯板（或挤塑型聚苯板）粘贴（辅以锚栓）	聚合物抗裂砂浆，耐碱玻璃纤维网格布增强	涂料

聚苯板的防护层为嵌埋有耐碱玻璃纤维网格布增强的聚合物抗裂砂浆，属于薄抹灰面层，涂料饰面。防护层厚度普通型 3～5mm，加强型 5～7mm，涂料面层。防护层施工前，应在洞口四角部位附加耐碱玻璃纤维网格布。

挤塑聚苯板作为第二种保温隔热材料，因其强度较高，有利于抵抗各种外力作用，可用于建筑物的首层等易受撞击的部位。

基层墙体应坚实平整（砌筑墙体应将灰缝刮平），突出物应剔除找平，墙面应清洁，无妨碍黏结的污染物。

（2）聚苯乙烯泡沫塑料板现浇混凝土外墙外保温。

如表 2-7 所示，该构造做法的基层墙体为现浇钢筋混凝土墙，采用聚苯板作保温隔热材料，置于外墙外模内侧，并以锚栓为辅助固定件，与钢筋混凝土墙现浇为一体，聚苯板的抹面层为嵌埋有耐碱玻璃纤维网格布增强的聚合物砂浆，属于薄抹灰面层，涂料饰面。在建筑物首层等易受撞击的部位可采用挤塑聚苯板。

表 2-7 聚苯乙烯泡沫塑料板现浇混凝土外墙外保温基本构造

基层墙体	保温隔热层和固定方式	防护层	饰面层
现浇钢筋混凝土墙	聚苯板与基层墙体一次浇筑成型（辅以锚栓拉结）	聚合物抗裂砂浆，耐碱玻璃纤维网格布增强	涂料

聚苯板内外表面均满喷砂浆界面剂，聚苯板拼装时，板间的各相邻边应全部满刷胶黏剂一遍，以使板缝紧密黏结。聚苯板表面用保温浆料局部找平时，找平厚度不得大于 10mm。防护层施工前，应在洞口四角部位附加耐碱玻璃纤维网格布。

2.6 楼板与楼地面

2.6.1 楼板的类型和构造

1. 楼板的作用

楼板是分隔建筑空间的水平承重构件。它一方面承受着楼面荷载，并把这些荷载合理有序地传给墙或柱；另一方面对墙体起着水平支撑作用，帮助墙体抵抗风及地震产生的水平力，加强建筑物的整体刚度；此外通过在楼板面层的构造处理还使楼板具备一定的隔声、防火、防水、防潮、保温隔热等能力。

2. 楼板的类型与构造

（1）楼板按材料。可分为钢筋混凝土楼板、压型钢板组合楼板、砖拱楼板和木楼板等。

（2）楼板按施工方法。可分为现浇式、装配式及装配整体式三种。

1）现浇钢筋混凝土楼板：现浇钢筋混凝土楼板是在现场支模、绑扎钢筋，浇捣混凝土梁、板，经养护而成。现浇钢筋混凝土楼板可分为板式、梁板式和无梁式，以板式和梁板式最为常用。

①板式楼板。楼板内不设梁，板直接搁置在墙上，称为板式楼板，有单向板和双向板之分。当板的长边与短边之比大于 2 时称为单向板。当板的长边与短边之比小于等于 2 时称为双向板。

通常把单向板的受力钢筋沿短边方向布置，在双向板中受力钢筋沿双向布置。双向板较单向板刚度好，且可节约材料和充分发挥钢筋的受力作用。

板式楼板底部平整，可以得到最大的使用净高，施工方便。适用于小跨度房间，特别是墙承重体系的建筑物，如住宅、旅馆等，或者其他建筑的走道。

②梁板式楼板。由板、梁组合而成的楼板称为梁板式楼板。根据梁的构造情况，梁板式楼板可分为单梁式、复梁式和井字梁式楼板。

2）装配式钢筋混凝土楼板：预制装配式钢筋混凝土楼板是将楼板在预制厂或施工现场预制，然后在施工现场装配而成。这种楼板可节省模板，减轻劳动强度，加快施工进度，便于组织工厂化、机械化生产，但这种楼板的整体性差。预制楼板有预应力和非预应力两种。

2.6.2　楼地面的构造

1. 楼地面的组成

（1）楼面的组成。楼面主要由面层、结构层和顶棚三部分组成。

（2）地面的组成。地面主要由面层、垫层和基层三部分组成，对有特殊要求的地面，常在面层和垫层之间增设附加层。

垫层是指承受并传递荷载给基层的构造层，有刚性垫层和柔性垫层之分。

刚性垫层有足够的整体刚度，受力后变形很小，常采用低强度素混凝土，厚度为 50～100mm。刚性垫层用于地面要求较高及薄而性脆的面层，如水磨石地面、大理石地面等。柔性垫层整体刚度小，受力后易产生塑性变形，常用 50mm 厚砂，80～100mm 厚碎砖灌浆或 100～150mm 厚的灰土等。柔性垫层常用于厚而不易断裂的面层，如水泥制品块地面。

2. 楼地面面层构造

楼地面面层是楼面和地面的重要组成部分，起着保护楼板、改善房间使用质量和增加美观的作用，楼地面面层属于室内装修范畴。

楼地面面层是人、家具和设备直接接触的部分，也是直接承受荷载，经常受到摩擦和清扫的部分，因此应满足坚固耐久、保温、隔声、防水等要求。

楼地面常以面层的材料和做法来命名，如面层为水磨石，则该地面称为水磨石地面；地面按其材料和做法可分为整体类地面、块材类地面、卷材类地面和木地面四类。

（1）整体类地面：整体类地面包括水泥地面、水磨石地面等现浇地面。

（2）块材类地面：块材类地面是把地面材料加工成块状，然后借助胶结材料铺贴在结构层上，常用的有水泥砖、石板、缸砖及陶瓷板块地面。

（3）卷材类地面：卷材地面是用成卷的铺材铺贴而成，常见卷材有软质聚氯乙烯塑料地毡、橡胶地毡以及地毯等。

（4）木地面：木地面具有弹性好、导热率低、不起灰、易清洁等特点，常用于住宅、宾馆、剧场、舞台、办公室等建筑中。木地面的构造方式有架空、实铺和粘贴三种。

3. 顶棚构造

顶棚又称为天棚或天花板，是楼板层或屋顶下面的装修层，其目的是为了保证房间清洁整齐、封闭管线、增强隔声和装饰效果。按其构造方式分为直接式和悬吊式两种。

（1）直接式顶棚。直接式顶棚是在楼板下直接做饰面层，构造简单、造价较低，常见有下面三种：

1）直接喷刷涂料：当楼板底面平整、室内装饰要求不高时，可直接或稍加修补刮平后喷刷大白浆、石灰浆等，以增强顶棚的反射光照作用。

2）抹灰：当楼板底面不够平整且室内装饰要求较高时，可在楼板底面先抹灰再喷刷涂料。抹灰可用纸筋灰、水泥砂浆、混合砂浆等，其中纸筋灰最为常用。

3）粘贴顶棚：对于楼板底不需敷设管线而装饰要求较高的房间，可在楼板底面用砂浆打底找平后，用胶黏剂粘贴墙纸、泡沫塑料板、铝塑板或吸音板，起到一定的保温、隔热和吸声作用。

（2）悬吊式顶棚。悬吊式顶棚又称吊顶，应具有足够的净空，以便于敷设管线；合理安排灯具、通风口的位置，以符合照明、通风要求；选用适当材料和构造做法，使其燃烧性能和耐火极限满足防火规范要求。

2.6.3　阳台和雨篷的构造

1. 阳台

阳台按照其与外墙的相对位置分为凹阳台、凸阳台和半凸半凹阳台。按施工方式有现浇钢筋混凝土阳台和预制钢筋混凝土阳台。

凹阳台实为楼板层的一部分，构造与楼板层相同；而凸阳台的受力构件为悬挑构件，其挑出长度和构造必须满足结构受力和抗倾覆的要求。

（1）凸阳台的承重。常见为钢筋混凝土材料，钢筋混凝土凸阳台的承重方案大体可以分为挑梁式、压梁式和挑板式。当挑出长度在 1200mm 以内时，可用挑板式或压梁式；大于 1200mm 挑出长度则用挑梁式。

（2）阳台的构造。

1）栏杆（栏板）与扶手：栏杆是为保证人们在阳台上活动安全而设置的竖向构件，其高度应不小于 1.05m，也不宜大于 1.2m。中高层及寒冷地区住宅的阳台宜采用实体栏板。

栏杆由金属或混凝土制作，杆件之间净距不应大于 110mm。其上下分别与扶手和阳台板连接。

栏板常用的有砖砌和钢筋混凝土两种。砖砌栏板厚度 120mm，并在砌体内配通长钢筋或现浇扶手及加设小构造柱。栏板可与阳台板整体现浇为一体，也可借助预埋件相互焊接和与阳台板焊接。

双连阳台时需设阳台隔板，常见有砖砌和钢筋混凝土隔板两种。考虑抗震因素，多用钢筋混凝土隔板。

2）阳台保温与排水。寒冷地区为阻挡冷空气入室宜采用封闭阳台，并设可开启窗口保持通风。

未封闭阳台为室外构件，需做排水措施。阳台地面一般低于室内 30mm 以上，防止雨水倒灌；同时，阳台地面向排水口做 1‰~2‰ 的坡。阳台排水有外排和内排两种。外排水是在阳台外侧设置 $\phi40$~$\phi50$ 的镀锌铁管或塑料管作为水舌排水，其外挑不小于 80mm 以防止雨水溅到下层阳台。内排水是在阳台内侧设置排水立管或地漏，将雨水直接排入地下管网，适用于高层或高标准建筑。

2. 雨篷

雨篷设置于建筑物入口或者阳台上方，常采用钢筋混凝土雨篷，较大时由梁、板、柱组成，构造与楼板相同；较小时做成悬臂构件，由雨篷梁和板组成。

雨篷常用挑板式，将雨篷与外门上面的过梁浇筑为一体，厚度一般为 60mm，悬挑长度不超过 1.5m；当挑出长度较大时采用挑梁式。雨篷排水分有组织排水和无组织排水，通常沿雨篷板四周用砖或现浇混凝土做翻口，高度不小于 60mm，板面用防水砂浆向排水口做 1‰ 坡面以利于排水。

2.7 楼梯

2.7.1 楼梯的组成及类型

在建筑中，楼梯是联系上下层的垂直交通设施。楼梯应满足人们正常的垂直交通、搬运家具设备和紧急情况下安全疏散的要求。

1. 楼梯的组成

楼梯一般由楼梯段、平台及栏杆（或栏板）三部分组成。

（1）楼梯段。楼梯段是楼梯的主要使用和承重构件，它由若干个踏步组成。梯段踏步的步数不宜超过 18 级，但也不应小于 3 级。

（2）平台。平台是连接两楼梯段的水平板，有楼层平台和休息平台之分。楼层平台主要起到联系室内外交通的作用，休息平台主要作用是缓解疲劳，让人们连续上楼时可在平台上稍加休息。

（3）栏杆、扶手。栏杆扶手是设在楼梯及平台边缘的安全保护构件。当梯段宽度不大时，可只在楼梯临空面设置；当梯段宽度较大时，非临空面也应加设扶手；当梯段宽度很大时，则需在梯段中间加设中间扶手。

2. 楼梯的类型

建筑中楼梯的形式较多，楼梯的分类一般按以下原则进行。

（1）按照楼梯的材料分类：分钢筋混凝土楼梯、钢楼梯、木楼梯及组合材料楼梯。

（2）按照楼梯的位置分类：分室内楼梯和室外楼梯。

（3）按照楼梯的使用性质分类：分主要楼梯、辅助楼梯、疏散楼梯及消防楼梯。

（4）按照楼梯间的平面形式分类：分开敞楼梯间、封闭楼梯间、防烟楼梯间。

（5）按照楼梯的平面形式分类：分为单跑直楼梯、双跑直楼梯、双跑平行楼梯、三跑楼梯、双分平行楼梯、交叉楼梯、螺旋楼梯。

目前在建筑中应用较多的是双跑平行楼梯（又简称双跑楼梯或两段式楼梯），其他如三跑楼梯、双分平行楼梯等均是在双跑平行楼梯的基础上变化而成的。螺旋楼梯对建筑室内空间具有良好的装饰性，适合于在公共建筑的门厅等处设置。

3. 楼梯的尺寸

（1）楼梯的坡度与踏步尺寸。楼梯的坡度指梯段的斜率，用斜面与水平面的夹角表示，也可用斜面在垂直面上的投影高和在水平面上的投影宽之比来表示。楼梯梯段的最大坡度不宜超过 38°。

在居住建筑中，踏面宽一般为 250～300mm，踢面高为 150～175mm 较为合适。学校、办公室坡度应平缓些，通常踏面宽为

280~340mm，踢面高为140~160mm。

（2）楼梯段的宽度。楼梯段的宽度是根据通行人数的多少（设计人流股数）和建筑的防火要求确定的。梯段的净宽一般不应小于900mm。住宅套内楼梯的梯段净宽，当一边临空时，不应小于750mm；当两侧有墙时，不应小于900mm。

（3）楼梯栏杆扶手的高度。楼梯栏杆扶手的高度与楼梯的坡度、楼梯的使用要求有关，很陡的楼梯，扶手的高度矮些，坡度平缓时高度可稍大。在30°左右的坡度下常采用900mm；儿童使用的楼梯一般为600mm。

（4）平台宽。楼梯平台的宽度是指墙面到转角扶手中心线的距离。为了搬运家具设备的方便和通行的顺畅，楼梯平台净宽不应小于楼梯段净宽，并且不小于1.1m。平台的净宽是指扶手处平台的宽度。

（5）楼梯的净空高度。楼梯的净空高度是指梯段的任何一级踏步至上一层平台梁底的垂直高度，或底层地面至底层平台（或平台梁）底的垂直距离；或下层梯段与上层梯段间的高度。为保证在这些部位通行或搬运物件时不受影响，其净高在平台处应大于2m，在梯段处应大于2.2m。

2.7.2 楼梯的细部构造

1. 踏步的面层和细部处理

踏步面层应当平整光滑，耐磨性好。常见的踏步面层有水泥砂浆、水磨石、地面砖、各种天然石材等。公共建筑楼梯踏步面层经常与走廊地面面层采用相同的材料。

由于踏步面层比较光滑，在踏步前缘应有防滑措施，设置防滑措施可以提高踏步前缘的耐磨程度。

2. 栏杆和扶手

在楼梯中较多采用栏杆，栏杆多采用金属材料制作，如钢材、铝材、铸铁花饰等。用相同或不同规格的金属型材拼接、组合成不同的规格和图案。栏杆垂直构件之间的净距不应大于110mm。

经常有儿童活动的建筑，栏杆的分格应设计成不易儿童攀登的形式，以确保安全。

栏杆的垂直构件必须要与楼梯段有牢固、可靠的连接。目前在工程上采用的连接方式多种多样，应当根据工程实际情况和施工能力合理选择连接方式。

栏板是用实体材料制作的，常用的材料有钢筋混凝土、加设钢筋网的砖砌体、木材、玻璃等。栏板的表面应平整光滑，便于清洗。栏板可以与梯段直接相连，也可以安装在垂直构件上。

扶手也是楼梯的重要组成部分。扶手可以用优质硬木、金属型材（铁管、不锈钢、铝合金等）、工程塑料及水泥砂浆抹灰、水磨石、天然石材制作。室外楼梯不宜使用木扶手，以免淋雨后变形和开裂。金属扶手通常与栏杆焊接；抹灰类扶手在栏板上端直接饰面；木及塑料扶手在安装之前应事先在栏杆顶部设置通长的倾斜扁铁，扁铁上预留安装钉孔，然后把扶手安放在扁钢上，并用螺丝固定好。

2.8 屋顶

2.8.1 屋顶的作用与类型

屋顶是民用建筑基本构造组成之一，屋顶处理的构造形式，直接影响着它的使用功能，而且还是建筑艺术形象的重要体现。

1. 屋顶的作用

屋顶是房屋的重要组成部分，其主要作用有三方面：一是围护作用，防御自然界风、霜、雨、雪的侵袭，太阳辐射、温湿度的影响；二是承重作用，屋顶是房屋的水平承重构件，承受和传递屋顶上各种荷载，对房屋起着水平支撑作用；三是美观，屋顶的色彩及造型等对建筑艺术和风格有着十分重要的影响，是建筑造型的重要组成部分。

2. 屋顶的类型

（1）按外形和坡度分平屋顶、坡屋顶和曲面屋顶；

（2）按保温隔热要求分有保温屋顶、不保温屋顶、隔热屋顶等；

（3）按屋面防水材料分细石混凝土、防水砂浆等刚性防水屋面，各种卷材等柔性防水屋面，涂料、粉剂等防水屋面，瓦屋面，波形瓦屋面，平金属板、压型金属板屋面等类型。

3. 屋顶的坡度

（1）屋顶坡度的表示方法。常用的坡度表示方法有角度法、斜率法和百分比法。坡屋顶多用斜率法，而平屋顶多用百分比法，角度法在实际中使用较少。

（2）屋面坡度的影响因素。建筑中的屋顶由于排水和防水需要，均要有一定的坡度。习惯上把坡度小于 10% 的屋顶称为平屋顶，坡度大于 10% 的屋顶称为坡屋顶。在实际工程中，影响屋顶坡度的主要因素有屋面防水材料、屋顶结构形式、地理气候条件、施工方法及建筑造型要求等方面。不同的屋面防水材料有各自的适宜排水坡度范围。

一般情况下，屋面防水材料单块面积越小，所要求的屋面排水坡度越大；材料厚度越厚，所要求的屋面排水坡度也越大。另外，如建筑中采用悬索结构、折板结构时，结构形式就决定了屋顶的坡度。恰当的坡度应该是既能满足防水要求，又做到经济节约。

2.8.2 平屋顶的构造

1. 平屋顶的组成和特点

平屋顶为满足防水、保温和隔热、上人等各种要求，屋顶构造层次较多，但其主要构造层次由结构层、保温层、隔离层、防水层等组成，另外还有保护层、结合层、找平层、隔气层、顶装修等构造层次。我国幅员辽阔，地理气候条件差异较大，各地区屋顶做法也有所不同。如南方地区应主要满足屋顶隔热和通风要求；北方地区应主要考虑屋顶的保温措施。又如上人屋顶则应设置有较好的强度和整体性的屋面面层。我国各地区均有屋面做法标准图或通用图，实际工程中可以选用。

平屋顶具有以下特点：

（1）屋顶构造厚度较小，结构布置简单，室内顶棚平整，能够适应各种复杂的建筑平面形状，且屋面防水、排水、保温、隔热等处理方便，构造简单。

（2）屋面平整，便于屋顶上人及屋面利用。

（3）由于屋顶坡度小、排水慢、屋面积水机会多，易产生渗漏现象且维修困难。

2. 平屋顶的排水组织

平屋顶的排水组织主要有屋顶的排水坡度和排水方式两个方面。

（1）排水坡度。平屋顶的排水坡度主要取决于排水要求、防水材料、屋顶使用要求和屋面坡度形成方式等因素。从排水要求看，要使屋面排水畅通，屋面就需要有适宜的排水坡度，坡度越大，排水速度越快；从防水材料看，平屋顶屋面目前主要采用卷材防水和混凝土防水，防水性能良好，其最低坡度要求是 1%；从屋顶使用要求看，若为上人屋面，有一定的使用要求，一般希望坡度小于等于 2%；从屋面坡度形成方式看，平屋面的坡度主要由结构找坡和材料找坡形成。

平屋顶采用卷材或混凝土防水时，若为不上人屋面，一般做 2%～5% 的坡度（常用 2%～3%）；若为上人屋面，则做 1%～2% 的坡度。

（2）排水方式。屋面排水方式分无组织排水和有组织排水两大类。

1）无组织排水：无组织排水又称自由落水。其排水组织形式是屋面雨水顺屋面坡度排至挑檐板处自由滴落。这种做法构造简单、经济，但雨水下落时对墙面和地面均有一定影响，常用于建筑标准较低的低层建筑或雨水较少的地区。

2）有组织排水：其排水组织形式是将屋面雨水顺坡汇集于檐沟或天沟，并在檐沟或天沟内填 0.5%～1% 纵坡，使雨水集中至雨水口，经雨水管排至地面或地下排水管网。

有组织排水有利于保护墙面和地面，消除了屋面雨水对环境的影响。根据雨水管的位置，有组织排水分为内排水和外排水。

内排水的雨水管设置于室内，因其构造复杂，易造成渗漏，故只用在多跨建筑的中间跨、临街建筑、高层建筑和寒冷地区的建筑。根据檐口的做法，有组织外排水又可分为挑檐沟外排水、女儿墙外排水、女儿墙挑檐沟外排水、长天沟外排水、暗管外排水等。

2.8.3 坡屋顶的构造

1. 坡屋顶的组成和特点

坡屋顶建筑为我国传统的建筑形式，主要由屋面、支承结构、顶棚等部分组成，必要时还可以增加保温层、隔热层等。坡屋顶有多种形式，并可相互组合，形成丰富多彩的建筑造型。同时，由于坡屋顶坡度较大、雨水容易排除、屋面材料可就地取材、施工简单、易于维修，近年来，在普通中小型民用和工业建筑中使用较多。

2. 承重结构

坡屋顶的承重结构主要由椽子、檩条、屋面梁或屋架等组成，承重方式主要有以下两类。

（1）山墙承重。山墙承重即在山墙上搁檩条、檩条上设椽子后再铺屋面，也可在山墙上直接搁置挂瓦板、预制空心板等形成屋面承重体系。布置檩条时，山墙端部檩条可出挑形成悬山屋顶。常用檩条有木檩条、混凝土檩条、钢檩条等。由于檩条及挂瓦板等跨度一般在 4m 左右，故山墙承重结构体系适用于小空间建筑中，如宿舍、住宅等。山墙承重结构简单，构造和施工方便，在小空间建筑中是一种合理和经济的承重方案。

（2）屋架承重。屋架承重即在柱或墙上设屋架，再在屋架上放置檩条及椽子而形成的屋顶结构形式。由于屋顶坡度较大，故一般采用三角形屋架。屋架有木屋架、钢屋架、混凝土屋架等类型。屋架应根据屋面坡度进行布置，在四坡顶屋面及屋面相互交界处需增加斜梁或半屋架等构件。

坡屋顶是利用其屋面坡度自然进行排水的，和平屋顶一样，当雨水集中到檐口处时，既可以无组织排水，也可以有组织排水（内排水或外排水）。

第 3 章
建筑力学与建筑结构

3.1 建筑力学的基本知识

3.1.1 静力学的基本知识

静力学是研究物体在力作用下的平衡规律的科学。平衡是物体机械运动的特殊形式，严格地说，物体相对于惯性参照系处于静止或做匀速直线运动的状态，即加速度为零的状态都称为平衡。对于一般工程问题，平衡状态是以地球为参照系确定的。例如，相对于地球静止不动的建筑物和沿直线匀速起吊的物体，都处于平衡状态。

1. 基本概念

（1）力的概念。力是物体之间相互的机械作用，这种作用的效果是使物体的运动状态发生改变（外效应），或者使物体发生变形（内效应）。

既然力是物体与物体之间的相互作用，那么，力不能脱离物体而单独存在，某一物体受到力的作用，一定有另一物体对它施加作用。在研究物体的受力问题时，必须分清哪个是施力物体，哪个是受力物体。

力对物体的作用效果取决于三个要素：力的大小、力的方向和力的作用点。力是一个有大小和方向的物理量，所以力是矢量。力用一段带箭头的线段来表示，线段的长度表示力的大小；线段与某定直线的夹角表示力的方位，箭头表示力的指向；线段的起点或终点表示力的作用点。力的大小表示物体间相互作用的强烈程度，为了度量力的大小，必须确定力的单位。在国际单位制里，力的常用单位为牛顿（N）或千牛顿（kN），1kN＝1000N。

（2）刚体的概念。在外力的作用下，大小和形状保持不变的物体，叫做刚体。实践证明，任何物体在力的作用下，都会发生大小和形状的改变，即发生变形，只是在实际工程中许多物体的变形都是非常微小的，对研究物体的平衡问题影响很小，可以忽略不计，例如，我们对办公楼中的梁进行受力分析时，我们就把该梁看成刚体，梁本身的变形可以忽略。

（3）力系的概念。把作用于物体上的一群力，称为力系。按照力系中各力作用线分布的不同，力系可分为汇交力系（即力系中各力作用线汇交于一点）、平行力系（即力系中各力的作用线相互平行）、一般力系（即力系中各力的作用线既不完全交于一点，也不完全相互平行）。

按照各力作用线是否位于同一平面内，上述力系又可分为平面力系和空间力系两类。如果物体在某一力系作用下，保持平衡状态，则该力系称为平衡力系。作用在物体上的一个力系，如果可用另一个力系来代替，而不改变力系对物体的作用效果，则这两个力系称为等效力系。如果一个力与一个力系等效，则这个力就为该力系的合力；原力系中的各个力称为其合力的各个分力。

2. 静力学公理

静力学公理是人们在长期的生产和生活实践中，逐步认识和总结出来的力的普遍规律。它阐述了力的基本性质，是静力学的基础。

（1）二力平衡公理。作用在同一刚体上的两个力，使刚体处于平衡状态的必要与充分条件是这两个力大小相等、方向相反，作用线在同一直线上。此公理说明了作用在同一个物体上的两个力的平衡条件。

（2）作用力与反作用力。作用力和反作用力总是同时存在，两力的大小相等、方向相反，沿着同一直线，分别作用在两个相互作用的物体上。如图 3-1 所示，N_1 和 N_1' 为作用力和反作用力，

它们分别作用在 A、B 两个物体上。

此公理说明了两个物体间相互作
用力的关系。这里必须强调指出，作
用力和反作用力是分别作用在两个
物体上的力，任何作用在同一个物
体上的两个力都不是作用力与反作
用力。

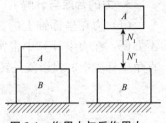

图 3-1　作用力与反作用力

（3）加减平衡力系公理。在作用着已知力系的刚体上，加上
或者减去任意平衡力系，不会改变原来力系对刚体的作用效应。
这是因为平衡力系对刚体的运动状态没有影响，所以增加或减少
任意平衡力系均不会使刚体的运动效果发生改变。

推论：力的可传性原理，作用在刚体上的力，可以沿其作用
线移动到刚体上的任意一点，而不改变力对物体的作用效果。

（4）力的平行四边形法则。作用于刚体
上同一点的两个力，可以合成一个合力，合
力也作用于该点，合力的大小和方向由这两
个力为邻边所组成的平行四边形的对角线
（通过二力汇交点）确定。如图 3-2 所示，
两力汇交于 A 点，它们的合力 F 也作用在
A 点，合力 F 大小和方向由为邻边所组成

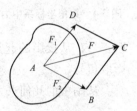

图 3-2　力的合成

的平行四边形 $ABCD$ 的对角线 AC 确定：合力 F 的大小为此对角
线的长，方向由 A 指向 C。

推论：三力平衡汇交定理，若刚体在三个互不平行的力的作用
下处于平衡状态，则此三个力的作用
线必在同一平面且汇交于一点。

如图 3-3 所示，物体在三个互不
平行的力 F_1、F_2 和 F_3 作用下处于平
衡，其中二力 F_1、F_2 可合成一作用于
A 点的合力 F，据二力平衡公理，第

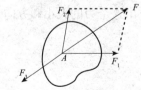

图 3-3　三力平衡汇交定理

三力 F_3 与 F 必共线，即第三力 F_3 必过其他二力 F_1、F_2 的汇交点 A。

3. 力的合成与分解

（1）力在坐标轴上的投影。由于力是矢量，而矢量运算中很不方便，在力学计算中常常是将矢量运算转化为代数运算，力在直角坐标轴上的投影就是转化的基础。

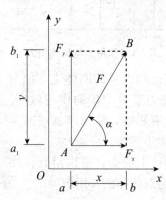

图 3-4　直角坐标系中力的投影

如图 3-4 所示，设力 F 作用在物体上某点 A 处，用 $\overrightarrow{AB}$ 表示。通过力 F 所在平面的任意点 O 作直角坐标系 xOy。从力 F 的起点 A、终点 B 分别作垂直于 x 轴的垂线，得垂足 a 和 b，并在 x 轴上得线段 ab，线段 ab 的长度加以正负号称为力 F 在 x 轴上的投影，用 F_x 表示。同样方法也可以确定力 F 在 y 轴上的投影为线段 a_1b_1，用 F_y 表示。并且规定，从投影的起点到终点的指向与坐标轴正方向一致时，投影取正号；从投影的起点到终点的指向与坐标轴正方向相反时，投影取负号。

从图中的几何关系得出投影的计算公式为：

$$\begin{cases} F_x = \pm F\cos\alpha \\ F_y = \pm F\sin\alpha \end{cases} \tag{3-1}$$

其中，α 代表力 F 与 x 轴所夹的锐角；F_x 和 F_y 的正负可按上面提到的规定直观判断得出。

反过来，力 F 在直角坐标系的投影 F_x 和 F_y 已知，则可以求出这个力的大小和方向。由上图中几何关系可知：

$$\begin{cases} F = \sqrt{F_x^2 + F_y^2} \\ \alpha = \arctan \dfrac{|F_y|}{|F_x|} \end{cases} \tag{3-2}$$

其中，α 代表力 F 与 x 轴所夹的锐角；力 F 的具体指向可由 F_x 和 F_y 的正负号确定。

特别要指出的是，当力 F 与 x 轴（y 轴）平行时，F 的投影

$F_y(F_x)$ 为零；$F_x(F_y)$ 的值与 F 的大小相等，方向按上述规定的符号确定。

【例 3-1】试分别求出图 3-5 中各力在 x 轴和 y 轴上的投影。已知 $F_1 = 100\text{N}$，$F_2 = 150\text{N}$，$F_3 = F_4 = 200\text{N}$，各力与 x 轴水平夹角分别为 $45°$、$30°$、$90°$、$60°$。

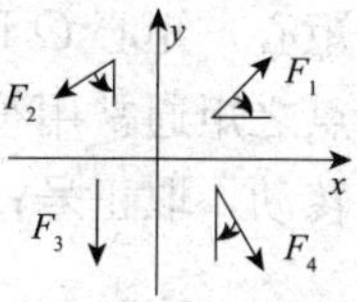

图 3-5

解：由公式可得出各力在 x 轴和 y 轴上的投影为

$F_{1x} = F_1 \cos45° = 100 \times 0.707 = 70.7\text{N}$

$F_{1y} = F_1 \sin45° = 100 \times 0.707 = 70.7\text{N}$

$F_{2x} = -F_2 \cos30° = -150 \times 0.866 = -129.9\text{N}$

$F_{2y} = -F_2 \sin30° = -150 \times 0.5 = -75\text{N}$

$F_{3x} = F_3 \cos90° = 0$

$F_{3y} = -F_3 \sin90° = -200 \times 1 = -200\text{N}$

$F_{4x} = F_4 \cos60° = 200 \times 0.5 = 100\text{N}$

$F_{4y} = -F_4 \sin60° = -200 \times 0.866 = -173.2\text{N}$

(2) 合力投影定理。合力在坐标轴上的投影（F_{Rx}，F_{Ry}）等于各分力在同一轴上投影的代数和。

$$\begin{cases} F_{Rx} = F_{1x} + F_{2x} + F_{nx} = \sum F_x \\ F_{Ry} = F_{1y} + F_{2y} + F_{ny} = \sum F_y \end{cases} \tag{3-3}$$

如果将各个分力沿坐标轴方向进行分解，再对平行于同一坐标轴的分力进行合成（方向相同的相加，方向相反的相减），可以得到合力在该坐标轴方向上的分力（F_{Rx}，F_{Ry}）。不难证明，合力在直角坐标系坐标轴上的投影（F_{Rx}，F_{Ry}）和合力在该坐标轴方向上的分力（F_{Rx}，F_{Ry}）大小相等，而投影的正号代表了分力的指向和坐标轴的指向一致，负号则相反。

4. 力矩和力偶

(1) 力矩。从实践中知道，力对物体的作用效果除了能使物体移动外，还能使物体转动，力矩就是度量力使物体转动效应的物理量。用乘积 $F \times d$ 加上正号或负号作为度量力 F 使物体绕 O 点转动效应的物理量，称为力 F 对 O 点之矩，简称力矩。O 点称为矩心，矩心 O 到力 F 的作用线的垂直距离 d 称为力臂。力 F 对 O 点之矩通常用符号表示，式（3-4）中若力使物体产生逆时针方向转动，取正号；反之，取负号。力对点的矩是代数量，即：

$$M_O(F) = \pm Fd \qquad (3-4)$$

力矩的单位是力与长度的单位的乘积。在国际单位制中，力矩的单位为牛顿·米（N·m）或千牛顿·米（kN·m）。

（2）合力矩定理。有 n 个平面汇交力作用于 A 点，则平面汇交力系的合力对平面内任一点之矩，等于力系中各分力对同一点力矩的代数和：

$$M_O(F_R) = M_O(F_1) + M_O(F_2) + \cdots + M_O(F_n) = \sum M_O(F) \qquad (3-5)$$

应用合力矩定理可以简化力矩的计算。在力臂已知或方便求解时，按力矩定义进行计算；在求力对某点力矩时，若力臂不易计算，按合力矩定理求解，可以将此力分解为相互垂直的分力，如两分力对该点的力臂已知，即可方便地求出两分力对该点力矩的代数和，从而求出已知力对该点的力矩。

【例 3-2】如图 3-6 所示，试求各力对 O 点的力矩以及合力对 O 点的力矩。

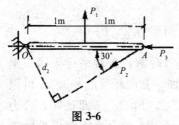

图 3-6

解：P_1 对 O 点的力矩：$M_O(p_1)$ $= p_1 d_1 = 400 \times 1 = 400 \text{N·m}$（↗）

P_2 对 O 点的力矩：$M_O(p_2) = p_2 d_2 = 200 \times 2 \sin 30° = 200 \text{N·m}$（↘）

P_3 对 O 点的力矩：$M_O(p_3) = p_3 d = 300 \times 0 = 0$

上述三个力的合力对 O 点的力矩 $M_O = 400 - 200 + 0 = 200 \text{N·m}$（↗）

（3）力偶。

1）力偶的概念：在力学中，由两个大小相等、方向相反、作用线平行而不重合的力 F 和 F' 组成的力系，称为力偶，并用符号

（F，F'）来表示。力偶的作用效果是使物体转动。

力偶中两力作用线间的垂直距离 d 称为力偶臂，如图 3-7 所示。力偶所在的平面称为力偶作用面。

图 3-7　力偶示意图

在力学中用力 F 的大小与力偶臂 d 的乘积 $F \times d$ 加上正号或负号作为度量力偶对物体转动效应的物理量，该物理量称为力偶矩，并用符号 M（F，F'）或 M 表示，即

$$M_0(F,F') = \pm Fd \qquad (3\text{-}6)$$

式中，正负号的规定是若力偶的转向是逆时针，取正号；反之，取负号。按我国标准计量单位，力偶矩的单位为牛顿·米（N·m）或千牛顿·米（kN·m）。

2）力偶的性质：

①力偶在任一坐标轴上的投影等于零。由于力偶在任一轴上的投影等于零，所以力偶对物体不会产生移动效应，只产生转动效应。力偶不能用一个力来代替，即力偶不能简化为一个力，因而力偶也不能和一个力平衡，力偶只能与力偶平衡。

②力偶对其作用面内任一点 O 之矩恒等于力偶矩，而与矩心的位置无关。

③力偶的等效性，在同一平面内的两个力偶，如果它们的力偶矩大小相等，力偶的转向相同，则这两个力偶是等效的。这一性质称为力偶的等效性。根据力偶的等效性，可以得出两个推论。

推论 1：力偶可以在其作用面内任意移转而不改变它对物体的转动效应，即力偶对物体的转动效应与它在作用面内的位置无关。

推论 2：只要保持力偶矩的大小、转向不变，可以同时改变力偶中的力和力偶臂的大小，而不改变它对物体的转动效应。在平面问题中，由于力偶对物体的转动效应完全取决于力偶矩的大小和力偶的转向，所以，力偶在其作用面内除可用两个力表示外，通常还可用一带箭头的弧线来表示，如【例 3-2】所示。其中箭头表示力的转向，m 表示力偶矩的大小。

3.1.2 材料力学的基本知识

1. 平面力系的平衡条件

物体在力系的作用下处于平衡时，力系应满足一定的条件，这个条件称为力系的平衡条件。

（1）平面任意力系的平衡条件。在前面的力学概念中我们知道，一般情况下平面力系与一个力及一个力偶等效。若与平面力系等效的力和力偶均等于零，则原力系一定平衡。则平面任意力系平衡的必要和充分条件是力系中所有各力在两个坐标轴上的投影的代数和等于零，力系中所有各力对于任意一点 O 的力矩代数和等于零。

由此得到平面任意力系的平衡方程：

$$\sum X=0, \ \sum Y=0, \ \sum M_O=0 \tag{3-7}$$

（2）几种特殊情况的平衡方程。

1）平面汇交力系。若平面力系中的各力的作用线汇交于一点，则此力系称为平面汇交力系，根据力系的简化结果知道，汇交力系与一个力（力系的合力）等效，由平面任意力系的平衡条件可知，平面汇交力系平衡的充分和必要条件是力系的合力等于零，即：

$$\sum X=0, \ \sum Y=0 \tag{3-8}$$

2）平面平行力系。若平面力系中的各力的作用线均相互平行，则此力系为平面平行力系。显然，平面平行力系是平面力系的一种特殊情况，由平面力系的平衡方程推出，由于平面平行力系在某一坐标轴 x 轴（或 y 轴）上的投影均为零，因此，平衡方程为：

$$\sum Y=0 \ (\text{或} \sum X=0), \ \sum M_O=0 \tag{3-9}$$

当然，平面平行力系的平衡方程也可写成两个矩式：

$$\sum M_A=0, \ \sum M_B=0 \tag{3-10}$$

其中，A、B 两点之间的连线不能与各力的作用线平行。

2. 支座反力的计算

求解构件支座反力的基本步骤如下：

（1）以整根构件为研究对象进行受力分析，绘制受力图；

（2）建立 xOy 直角坐标系；

（3）依据静力平衡条件，根据受力图建立静力平衡方程，求解方程得支座反力。

【例 3-3】如图 3-8 所示简支梁，计算跨度为 l_0，承受的均布载 q，求梁的支座反力。

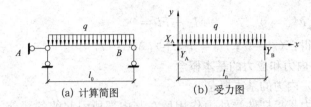

图 3-8 梁的支座反力计算

解：（1）以梁为研究对象进行受力分析，绘制受力图，如图 3-8（b）所示；

（2）建立如图 3-8（b）所示的直角坐标系；

（3）建立平衡方程，求解支座反力：

$$\sum X = 0 \qquad X_A = 0$$

$$\sum Y = 0 \qquad Y_A - ql_0 + Y_B = 0$$

$$\sum M_A = 0 \qquad Y_B l_0 - \frac{1}{2}ql_0^2 = 0$$

解得：$X_A = 0$，$Y_A = Y_B = \frac{1}{2}ql_0$（↑）

【例 3-4】如图 3-9 所示悬臂梁，计算跨度 l，承受的集中荷载设计值 F，求支座反力。

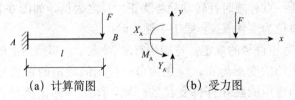

图 3-9 悬臂梁受力图

解：（1）以梁为研究对象进行受力分析，绘制受力图，如图 3-9（b）所示；

（2）建立如图 3-9（b）所示的直角坐标系；

（3）建立平衡方程，求解支座反力：

$$\sum X = 0 \qquad X_A = 0$$

$$\sum Y = 0 \qquad Y_A - F = 0$$

$$\sum M_A = 0 \qquad M_A - Fl = 0$$

解得：$X_A = 0$，$Y_A = F(\uparrow)$，$M_A = Fl(\curvearrowleft)$

3. 内力和应力的基本概念

（1）内力的基本概念。

内力是指杆件受外力作用后在其内部所引起的各部分之间的相互作用力，内力是由外力引起的，且外力越大，内力也越大。

（2）内力的符号规定。

1）轴力符号的规定：轴力用符号 N 表示，背离截面的轴力称为拉力，为正值；指向截面的轴力称为压力，为负值。如图 3-10（a）的截面受拉，N 为正号，图 3-10（b）的截面受压，N 为负号。轴力的单位为牛顿（N）或千牛顿（kN）。

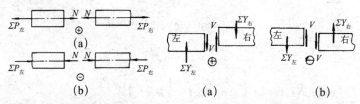

图 3-10　轴力的正负号规定　　图 3-11　剪力的正负号规定

2）剪力符号的规定：剪力用符号 V 表示，当截面上的剪力绕梁段上任一点有顺时针转动趋势为正，反之为负，如图 3-11 所示。剪力的单位为牛顿（N）或千牛顿（kN）。

3）弯矩符号的规定：弯矩用符号 M 表示，当截面上的弯矩使梁产生下凸的变形为正，反之为负；柱子的弯矩的正负号可随意假设，但弯矩图画在杆件受拉的一侧，图中不标正负号。弯矩的单位为牛顿·米（N·m）或千牛顿·米（kN·m）。

（3）应力的基本概念。

1）应力的定义：内力在一点处的集度称为应力，用分布在单位面积上的内力来衡量。一般将应力分解为垂直于截面和相切于截面的两个分量，垂直于截面的应力分量称为正应力或法应力，用 σ 表示；相切于截面的应力分量称为剪应力或切向应力，用 τ 表示。

应力的单位为帕（Pa），常用单位还有千帕（kPa）、兆帕（MPa）和吉帕（GPa）。各单位之间的关系如下：

$1Pa = 1N/m^2$，$1kPa = 1000Pa$，$1MPa = 10^6\ Pa = 1N/mm^2$，$1GPa = 10^9 Pa$。

2）轴向拉压杆件横截面上的应力计算：轴向拉伸（压缩）时，杆件横截面上的应力为正应力，根据材料的均匀连续假设，可知正应力在其截面上是均匀分布的，若用 A 表示杆件的横截面面积，N 表示该截面的轴力，则等直杆轴向拉伸（压缩）时横截面的正应力 σ 计算公式为：

$$\sigma = \frac{N}{A} \tag{3-11}$$

正应力有拉应力与压应力之分，拉应力为正，压应力为负。

3.2　建筑结构的基本知识

3.2.1　建筑结构概述

1. 建筑结构的概念和分类

建筑中，由若干构件（如板、梁、柱、墙、基础等）连接而构成的能承受荷载和其他间接作用（如温差伸缩、地基不均匀沉降等）的体系，叫做建筑结构。建筑结构在建筑中起骨架作用，是建筑的重要组成部分。

根据所用材料的不同，建筑结构可分为混凝土结构、砌体结构、钢结构和木结构。

（1）混凝土结构。混凝土结构可分为钢筋混凝土结构、预应力混凝土结构、素混凝土结构。其中应用最广泛的是钢筋混凝土结构，它具有强度高、耐久性好、抗震性能好、可塑性强等优点；也有自重大、抗裂能力差、现浇时耗费模板多、工期长等缺点。

（2）砌体结构。砌体结构是指各种块材（包括砖、石材、砌块等）通过砂浆砌筑而成的结构。砌体结构根据所用块材的不同，又可分为砖结构、石结构和其他材料的砌块结构。砌体结构的主要优点是能就地取材、造价低廉、耐火性强、工艺简单、施工方便，所以在建筑中应用广泛，主要用作七层以下的住宅楼、旅馆、五层以下的办公楼、教学楼等民用建筑的承重结构，在中、小型工业厂房及框架结构中常用砌体作围护结构。其缺点是自重大、强度较低、抗震性能差、施工速度缓慢、不能适应建筑工业化的要求，有待进一步改进和完善。

（3）钢结构。用钢材制作的结构叫钢结构。钢结构具有强度高、重量轻、材质均匀、制作简单、运输方便等优点；但也存在易锈蚀、耐火性差、维修费用高等缺点。钢材是国民经济各部门中不可缺少的重要材料，使用量大，价格比较昂贵，因此，钢结构在基本建设中主要用于大跨度屋盖（如体育厂馆）、高层建筑、重型工业厂房、承受动力荷载的结构及塔桅结构中。

（4）木结构。以木材为主制作的结构叫木结构。木结构是以梁、柱组成的构架承重，墙体则主要起填充、防护作用。木结构的优点是能就地取材，制作简单、造价较低、便于施工；缺点是木材本身疵病较多、易燃、易腐、结构易变形。因此不宜用于火灾危险性较大或经常受潮又不易通风的生产性建筑中。

建筑结构按受力和构造特点的不同可分为混合结构、框架结构、框架—剪力墙结构、剪力墙结构、筒体结构、大跨结构等。其中大跨结构多采用网架结构、薄壳结构、膜结构以及悬索结构。

（1）混合结构，是指由砌体结构构件和其他材料构件组成的结构。如垂直承重构件用砖墙、砖柱，而水平承重构件用钢筋混凝土梁板，这种结构就为混合结构，也叫承重墙结构。该种结构形式具有就地取材，施工方便，造价便宜等特点。

（2）框架结构，是由纵梁、横梁和柱组成的结构，这种结构是梁和柱刚性连接而成骨架的结构。框架结构的优点是强度高、自重轻、整体性和抗震性能好。框架结构多采用钢筋混凝土建造，一般适用于10层以下以及10层左右的房屋结构。框架结构建筑平面布置灵活，可满足生产工艺和使用要求，且比混合结构强度高、延展性好、整体性好、抗震性能好。

（3）剪力墙结构，是由纵向、横向的钢筋混凝土墙所组成的结构，即结构采用剪力墙的结构体系。墙体除抵抗水平荷载和竖向荷载外，还为整个房屋提供很大的抗剪强度和刚度，对房屋起围护和分割作用。这种结构的侧向刚度大，适宜做较高的高层建筑，但由于剪力墙位置的约束，使得建筑内部空间的划分比较狭小，不利于形成开敞性的空间，因此较适宜用于宾馆与住宅。剪力墙结构常用于 25～30 层房屋。

（4）框架—剪力墙结构，又称框剪结构，它是在框架纵、横方向的适当位置，在柱与柱之间设置几道钢筋混凝土墙体（剪力墙）。在这种结构中，框架与剪力墙协同受力，剪力墙承担绝大部分水平荷载，框架则以承担竖向荷载为主。这种体系一般用于办公楼、旅馆、住宅以及某些工艺用房，一般用于 25 层以下房屋结构。

如果把剪力墙布置成筒体，又可称为框架—筒体结构体系。筒体的承载能力、侧向刚度和抗扭能力都较单片剪力墙大大提高。在结构上，这是提高材料利用率的一种途径，在建筑布置上，则往往利用筒体作电梯间、楼梯间和竖向管道的通道，也是十分合理的。

（5）筒体结构，是用钢筋混凝土墙围成侧向刚度很大的筒体的结构形式。筒体在侧向风荷载的作用下，它的受力特点就类似于一个固定在基础上的筒形的悬臂构件。迎风面将受拉，而背风面将受压。筒体可以为剪力墙，可以采用密柱框架，也可以根据实际需要采用数量不同的筒。筒体结构多用于高层或超高层公共建筑中。筒体结构用于 30 层以上的超高层房屋结构，最高高度以不超过 80 层为限。

2. 建筑结构的功能

（1）结构的功能要求。不管采用何种结构形式，也不管采用什么材料建造，任何一种建筑结构都是为了满足所要求的功能而设计的。建筑结构在规定的设计使用年限内，应满足下列功能要求：

1）安全性，即结构在正常施工和正常使用时能承受可能出现的各种作用，在设计规定的偶然事件发生时及发生后，仍能保持必需的整体稳定。

2）适用性，即结构在正常使用条件下具有良好的工作性能，例如不发生过大的变形或振幅，以免影响使用，也不发生足以令用户不安的裂缝。

3）耐久性，即结构在正常维护下具有足够的耐久性能，例如混凝土不发生严重的风化、脱落，钢筋不发生严重锈蚀，以免影响结构的使用寿命。

（2）结构的可靠性。结构的可靠性是指结构在规定的时间内，在规定的条件下，完成预定功能的能力。结构的安全性、适用性和耐久性总称为结构的可靠性。

结构可靠度是可靠性的定量指标，可靠度的定义是结构在规定的时间内，在规定的条件下，完成预定功能的概率。

（3）极限状态的概念。整个结构或结构的一部分超过某一特定状态就不能满足设计规定的某一功能要求，此特定状态为该功能的极限状态。极限状态实质上是一种界限，是有效状态和失效状态的分界。极限状态共分两类：

1）承载能力极限状态，是指超过这一极限状态后，结构或构件就不能满足预定的安全性的要求。当结构或构件出现下列状态之一时，即认为超过了承载能力极限状态：

①整个结构或结构的一部分作为刚体失去平衡（如阳台、雨篷的倾覆）等；

②结构构件或连接因超过材料强度而破坏（包括疲劳破坏），或因过度变形而不适于继续承载；

③结构转变为机动体系（如构件发生三角共线而形成体系机动丧失承载力）；

④结构或结构构件丧失稳定（如长细杆的压屈失稳破坏等）；

⑤地基丧失承载能力而破坏（如失稳等）。

2）正常使用极限状态，是指超过这一极限状态，结构或构件就不能完成对其所提出的适用性或耐久性的要求。当结构或构件出现下列状态之一时，即认为超过了正常使用极限状态：

①影响正常使用或外观的变形（如过大的变形使房屋内部粉刷层脱落，填充墙开裂）；

②影响正常使用或耐久性能的局部损坏（如水池、油罐开裂引起渗漏，裂缝过宽导致钢筋锈蚀）；

③影响正常使用的振动；

④影响正常使用的其他特定状态（如沉降量过大等）。

由上述两类极限状态可以看出，结构或构件一旦超过承载能力极限状态，就可能发生严重破坏、倒塌，造成人身伤亡和重大经济损失。因此，应该把出现这种极限状态的概率控制得非常严格。而结构或构件出现正常使用极限状态的危险性和损失要小得多，其极限状态的出现概率可适当放宽。所以，结构设计时承载能力极限状态的可靠度水平应高于正常使用极限状态的可靠度水平。

3. 建筑结构的荷载

建筑结构在施工与使用期间要承受各种作用，如人群、风、雪及结构构件自重等，这些外力直接作用在结构物上；还有温度变化、地基不均匀沉降等间接作用在结构上，我们称直接作用在结构上的外力为荷载。

荷载按作用时间的长短和性质，可分为永久荷载、可变荷载和偶然荷载三类。

永久荷载是指在结构设计使用期间，其值不随时间而变化，或其变化与平均值相比可以忽略不计，或其变化是单调的并能趋于限值的荷载，例如，结构的自重、土压力、预应力等荷载，永久荷载又称恒荷载。

可变荷载是指在结构设计使用期内其值随时间而变化，其变化与平均值相比不可忽略的荷载，例如，楼面活荷载、吊车荷载、风荷载、雪荷载等，可变荷载又称活荷载。

偶然荷载是指在结构设计使用期内不一定出现，一旦出现，其值很大且持续时间很短的荷载，例如，爆炸力、撞击力等。

4. 建筑结构的基本设计原则

结构设计的原则是结构抗力不小于荷载效应，事实上，由于结构抗力与荷载效应都是随机变量，因此，在进行结构和结构构件设计时采用基于极限状态理论和概率论的计算设计方法，即概率极限状态设计法。同时考虑到应用上的简便，我国《建筑结构设计统一标准》提出了一种便于实际使用的设计表达式，称为实用设计表达式。实用设计表达式采用了荷载和材料强度的标准值以及相应的分项系数来表示的方式。

3.2.2 基础的受力特点及构造要求

基础按其埋置深度不同，可分为浅基础和深基础两大类。一般埋置深度在 5m 以内，且能用一般方法施工的基础属于浅基础。当需要埋置在较深的土层上，采用特殊方法施工的基础则属于深基础，如桩基础等。

基础按使用的材料可分为砖基础、毛石基础、混凝土和毛石混凝土基础、灰土和三合土基础、钢筋混凝土基础等；按结构形式可分为无筋扩展基础、扩展基础、柱下条形基础、柱下十字形基础、筏形基础、箱形基础、桩基础等。

1. 无筋扩展基础

上部结构的荷载通过基础传给地基，因此需对基础合理构造。在基础内部应力满足基础材料强度要求的前提下，将基础向侧边扩展，形成较大底面积，使上部结构传来的荷载扩散分布于较大的底面积上，以满足地基承载力和变形的要求。

无筋扩展基础是指由砖、毛石、混凝土或毛石混凝土、灰土或三合土等材料组成的，且不需配置钢筋的墙下条形基础或柱下独立基础。这些基础具有就地取材、价格较低、施工方便等优点，广泛适用于层数不多的民用建筑和轻型厂房。

（1）无筋扩展基础的受力特点。无筋扩展基础所用材料有一个共同的特点，就是材料的抗压强度较高，而抗拉、抗弯、抗剪强度较低。在地基反力作用下，基础下部的扩大部分像倒悬臂梁一样向上弯曲，如悬臂过长，则易发生弯曲破坏。

无筋扩展基础设计时应先确定基础埋深，按地基承载力条件计算基础底面宽度，再根据基础所用材料，按宽高比允许值确定基础台阶的宽度与高度。从基底开始向上逐步缩小尺寸，使基顶面至少低于室外地面 0.1m，否则应修改设计。

(2) 无筋扩展基础的构造要求。

1) 砖基础：砖基础的剖面为阶梯形称为大放脚，如图 3-12 所示。各部分的尺寸应符合砖的模数，其砌筑方式有"两皮一收"和"二一间隔收"两种。两皮一收是指每砌两皮砖，收进 1/4 砖长（即 60mm），二一间隔收是指底层砌两皮砖，收进 1/4 砖长，再砌一皮砖，收进 1/4 砖长，以上各层依此类推。

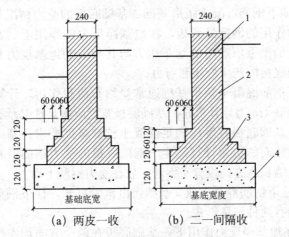

(a) 两皮一收　　　(b) 二一间隔收

图 3-12　砖基础构造示意图
1. 防潮层；2. 基础墙；3. 大放脚；4. 垫层

2) 混凝土基础：混凝土基础也称为素混凝土基础，它具有整体性好、强度高、耐水等优点。

3) 毛石基础：采用不小于 M5 砂浆砌筑，其断面多为阶梯形。基础墙的顶要比墙或柱身每侧各宽 100mm 以上，基础墙的厚度和每个台阶的高度不应该小于 400mm，每个台阶挑出宽度不应大于 200mm。

4) 灰土基础和三合土基础：灰土基础一般与砖、砌石、混凝土等材料配合使用，做在基础的下部，厚度通常用 300～450mm（2 步或 3 步），台阶宽高比为 1/1.5。由于基槽边角处灰土不容易夯实，所以用灰土基础时，实际的施工宽度应该比计算宽度每边各放出 50mm 以上。

三合土是由石灰、砂、碎砖或碎石体按体积 1：2：4 或 1：3：6

加适量水配制而成，一般每层需铺设约 220mm，夯至 150mm。

2. 扩展基础

将上部结构传来的荷载，通过向侧边扩展成一定底面积，使作用在基底的压应力等于或小于地基土的允许承载力，而基础内部的应力应同时满足材料本身的强度要求，这种起到压力扩散作用的基础称为扩展基础，也称做柔性基础，如柱下钢筋混凝土独立基础和墙下钢筋混凝土条形基础。

1）墙下钢筋混凝土条形基础：基础底板的受力情况如同受地基净反力作用的倒置悬臂板，在地基净反力的作用下（基础自重和基础上的土重所产生的均布压力与其相应的地基反力相抵消），将在基础底板内产生弯矩和剪力。

墙下钢筋混凝土条形基础通常受均布荷载作用，计算时沿墙长度方向取 1m 为计算单元。基础底板宽度应满足地基承载力的有关规定；基础底板宽度应满足混凝土抗剪强度要求；基础底板配筋按危险截面的抗弯计算确定。基础底板的受力钢筋沿基础宽度方向，沿墙长度方向设分布钢筋，放在受力钢筋上面。

2）柱下钢筋混凝土独立基础：由试验可知，柱下钢筋混凝土独立基础有两种破坏形式。

① 在地基净反力作用下，基础底板在两个方向均发生向上的弯曲，相当于固定在柱边的梯形悬臂板，下部受拉，上部受压。若危险截面内的弯矩值超过底板的抗弯承载力时，底板就会发生弯曲破坏。为了防止发生这种破坏，须在基础底板下部配置足够的钢筋。

②当基础底面积较大而厚度较薄时，基础将发生冲切破坏。为了防止发生这种破坏，基础底板要有足够的高度。

柱下钢筋混凝土独立基础的设计，除按地基承载力条件确定基础底面积外，尚应按计算确定基础底板高度和基础底板配筋。

3. 柱下条形基础

当地基较软弱而荷载较大时，若采用柱下单独基础，基础底面积必然很大，易造成基础之间互相靠得很近，或地基土不均匀，各柱荷载相差较大需防止过大的不均匀沉降时，可将同一排柱基础连通，就成为柱下条形基础。

若荷载较大且土质较弱时，为了增强基础的整体刚度，减小不均匀沉降，可在柱网下纵横方向均设置条形基础，形成柱下十字形基础。

4. 筏形基础

当地质条件差、上部荷载大时，可将部分或整个建筑范围的基础连在一起，其形式犹如倒置的楼板，又似筏子，故称为筏形基础，又称筏板基础。筏形基础根据是否有梁可分为平板式和梁板式两种。筏形基础不仅减少地基上的单位面积压力，提高地基承载力，还能增强基础的整体刚性，调整不均匀沉降，故在多层和高层建筑中被广泛采用。

5. 箱形基础

箱形基础是由现浇钢筋混凝土底板、顶板、纵横外墙与内墙组成的箱形整体结构。根据建筑物高度对地基稳定性的要求和使用功能的需要，箱形基础的高度可为一层或多层，并可利用中空部分构成地下室，用作人防、停车场、地下商场、储藏室、设备等。这种基础的刚度大、整体性好，适用于地基软弱、上部结构荷载大的高层建筑。

6. 桩基础

桩基础是一种承载性能好，适应范围广的深基础。但桩基础的造价一般较高、工期较长、施工比一般浅基础复杂。桩基础适用于上部土层软弱而下部土层坚实的场地。桩基础由承台和桩身两部分组成。通过承台把多根桩联结成整体，并通过承台把上部结构荷载传递到各根桩，再传至深层较坚实的土层中。

1）按承载性质分类。

①摩擦型桩：指桩顶竖向荷载由桩侧阻力和端阻力共同承担，但桩侧阻力分担较多荷载的桩。当桩顶竖向荷载绝大部分由桩侧阻力承担，端阻力很小时，称为摩擦桩。

②端承型桩：指桩顶竖向荷载由桩侧阻力和桩端阻力共同承受，但桩端阻力分担荷载较多的桩，这类桩的侧摩阻力虽属次要，但不可忽视。主要由桩端阻力分担荷载，而侧阻力很小可以忽视不计时的桩称为端承桩。

2）按桩身材料分类。

①混凝土桩：按桩的制作方法又可分为预制混凝土桩和灌注混凝土桩两类，是目前工程上普遍采用的桩。

②钢桩：常见的是型钢和钢管两类，其抗弯强度高、施工方便，但造价高、易腐蚀，目前我国采用较少。

③组合材料桩：是指用两种不同材料组合而成的桩，如钢管内填充混凝土或上部为钢桩，下部为混凝土桩等形式。

3）按桩的制作方法分类。

①预制桩：是指将预先制作成型，通过各种机械设备把它沉入地基甚至设计标高的桩。常见的沉桩方法有捶击法、振动法、静压法等。

②灌注桩：是指在建筑工地现场成孔，并在现场向孔内灌注混凝土的桩。常见的成孔方法有沉管灌注桩、钻孔灌注桩、冲孔灌注桩、扩底灌注桩等。

4）按桩的成型方式效应分类。

桩的成型方式（打入或钻孔成桩等）不同，桩周土受到的挤土作用也很不相同。挤土作用会引起桩周土的天然结构、应力状态和性质产生变化，从而影响桩的承载力，这种变化与土的类别、性质特别是土的灵敏度、密实度和饱和度有密切关系。对摩擦型桩，成桩后的承载力还随时间呈一定程式的增长，一般来说，初期增长速度较快，随后逐级变缓，一段时间后则趋于某一极限值。根据成桩方法对桩周土层的影响，桩可分为挤土桩、部分挤土桩和非挤土桩三类。

①挤土桩：这类桩在设置过程中，桩周土被挤开，使土的工程性质与天然状态比较，发生较大变化。挤土桩主要包括打入或压入预制混凝土桩、封底钢管桩和混凝土管桩和沉管式的灌注桩等。

②部分挤土桩：这类桩在设置过程中，由于挤土作用轻微，故桩周土的工程性质变化不大。这类桩主要有打入的截面厚度不大的工字型和 H 型钢桩、开口钢管桩、开口的预应力混凝土管桩等。

③非挤土桩：这类桩在设置过程中将相应于桩身体积的土挖出，因而桩周及桩底土有应力松弛现象。这类桩主要是各种形式的钻挖孔灌注桩以及预钻孔埋桩等。

5）按桩身直径分类。

①大直径桩：$d > 800$mm。

②中等直径桩：250mm$\leqslant d \leqslant$800mm。

③小直径桩：$d < 250$mm。

3.2.3 钢筋混凝土梁板结构

1. 钢筋混凝土楼盖的分类

钢筋混凝土楼盖按施工方法可分为现浇式、装配式和装配整体式三种型式。

（1）现浇式楼盖整体性好、刚度大、防水性好和抗震性强，并能适应房间的平面形状、设备管道、荷载或施工条件比较特殊的情况。其缺点是费工、费模板、工期长、施工受季节的限制，故现浇式楼盖通常用于建筑平面布置不规则的局部楼面或在运输吊装设备不足的情况。

（2）整体现浇式楼盖结构按楼板受力和支承条件的不同，又分为肋梁楼盖、井式楼盖、密肋楼盖和无梁楼盖。无梁楼盖适用于柱网尺寸不超过 6m 的图书馆、仓库等。密肋楼盖由于梁肋的间距小，板厚很小，梁高也较肋梁楼盖小，结构自重较轻。双向密肋楼盖近年来采用预制塑料模壳克服了支模复杂的缺点而应用增多。井式楼盖可少设或不设内柱，能跨越较大的空间，宜用于跨度较大且柱网呈方形的公共建筑门厅及中、小礼堂等，但用钢量大且造价高。肋形楼盖又分为双向板肋梁楼盖和单向板肋梁楼盖，双向板肋梁楼盖多用于公共建筑和高层建筑，单向板肋梁楼盖广泛用于多层厂房和公共建筑。

（3）装配式楼盖，楼板采用混凝土预制构件，便于工业化生产，在多层民用建筑和多层工业厂房中得到广泛应用。但是，这种楼面由于整体性、防水性和抗震性较差，不便于开设孔洞，故对于高层建筑、有抗震设防要求以及使用上要求防水和开设孔洞的楼面，均不宜采用。

2. 现浇单（双）向板肋梁楼盖结构

肋梁楼盖由板、次梁和主梁组成。其中板被梁划分成许多区格，每一区格的板一般是四边支承在梁或墙上。当板的长边 l_2 与

短边 l_1 之比 $l_2/l_1 > 2$ 时，经力学分析可知，在荷载作用下板短跨方向的弯矩远远大于板长跨方向的弯矩。可以认为板仅在短跨方向有弯矩存在并产生挠度，这类板称为单向板，板中的受力钢筋应沿短跨方向布置。对于 $l_2/l_1 \leqslant 2$ 的板，在长边和短边上都受到梁的支承作用，与单向板相比，板的短、长跨方向上都有一定数值的弯矩存在，沿长边方向的弯矩不能忽略，这种板称为双向板。双向板沿板的长、短边两个方向都需布置受力钢筋。

3.2.4 钢筋混凝土框架结构

1. 框架结构的类型

框架结构按施工方法可分为现浇式框架、装配式框架和装配整体式框架三种形式。

2. 框架结构的结构布置

承重框架布置方案。在框架体系中，主要承受楼面和屋面荷载的梁称为框架梁，另一方向的梁称为连系梁。框架梁和柱组成主要承重框架，连系梁和柱组成非主要承重框架。若采用双向板，则双向框架都是承重框架。承重框架有以下三种布置方案：

①横向布置方案，是指框架梁沿房屋横向布置，连系梁和楼（屋）面板沿纵向布置。房屋纵向刚度较富余，而横向刚度较弱，采用这种布置方案有利于增加房屋的横向刚度，提高抵抗水平作用的能力，因此在实际工程中应用较多。缺点是由于主梁截面尺寸较大，当房屋需要较大空间时，其净空较小。

②纵向布置方案，是指框架梁沿房屋纵向布置，楼板和连系梁沿横向布置。房间布置灵活，采光和通风好，利于提高楼层净高，需要设置集中通风系统的厂房常采用这种方案。但因其横向刚度较差，在民用建筑中一般采用较少。

③纵横向布置方案，是指沿房屋的纵向和横向都布置承重框架。采用这种布置方案，可使两个方向都获得较大的刚度，因此，柱网尺寸为正方形或接近正方形、地震区多层框架房屋，以及由于工艺要求需双向承重的厂房常用这种方案。

第4章
建筑施工现场安全管理基本要求

4.1 建筑施工安全生产概述

4.1.1 建筑施工安全生产的特点

建筑施工是一种危险性较大的生产活动，其特点主要有：

1. 建筑产品的多样性决定了建筑安全生产的多变性

建筑产品的结构形式、建筑规模以及施工工艺等都具有多样性。建造不同的建筑产品，对人员、材料、机械设备、防护用品和设施、施工技术等均有不同的要求，而且施工现场环境也千差万别，这些差别决定了建筑施工过程中总会面临各种新的安全问题，安全生产永远是一项新的课题。

2. 建筑工程的固定性及组织施工的特点决定了建筑安全环境的特殊性

建筑工程的固定性及组织施工的特点，使得施工队组需要经常更换工作环境。建筑施工的工作场所和工作内容是动态的、不断变化的，随着工程建设的推进，施工现场则会从最初地下的基坑逐步变成耸立的高楼大厦。因此，建筑工程中的周边环境、作业条件、施工技术、人员类别和数量等都是在不断发生变化的，而相应的安全防护设施往往滞后于施工过程，施工现场存在的不安全因素复杂多变。建筑施工现场的噪声、热量、有害气体和尘土等，都使得工人经常面对多种不利的工作环境和负荷，容易导致安全事故的发生。

3. 建筑产品的庞体性决定了建筑施工的高处作业的普遍性

随着社会的发展，建筑产品的空间高度和深度都在不断地增加，而众多的人员和设备在复杂多变的高处作业，使得施工的难度和危险性也就随之增大，所以建筑施工行业也是最危险的行业之一，危险源时刻伴随着施工的周围，极易发生安全事故。

4. 企业管理机构的特性决定了建筑安全生产管理的特殊性

许多施工单位往往同时承接多个工程项目的建设，而且通常上级公司又与项目部处于分离的状态。致使公司的安全措施并不能及时在项目部得到充分的落实，这使得现场安全管理的责任更多地由项目部来承担。但是，由于工程项目的临时性和建筑市场竞争的日趋激烈，各方面的压力也相应增大，公司的安全措施往往被忽视，并不能在工程项目上得到充分的贯彻和落实，因而存在较多的安全隐患。

5. 多个建设主体的并存及其关系的复杂性决定了建筑安全管理的难度较大

工程建设涉及多个建设主体，一般包括建设、勘察、设计、监理及施工等诸多单位。建筑安全虽然是由施工单位负主要责任，但其他责任单位也都是影响安全生产的重要因素。加之分包单位的介入、各类人员的流动性以及不同的管理措施和安全理念，导致安全管理的难度较大。市场经济中，目标导向使得建设单位承受较大的压力和风险，而这些压力和风险又往往最终施加在建筑施工单位身上，使得一些施工单位往往只要结果（产量）不求过程（安全），而安全管理恰恰是体现在过程上的管理，加之资源供应的限制和施工的复杂性，建筑施工现场的安全管理难度较大。

6. 施工作业的非标准化使得施工现场危险因素增多

建筑产品是一个现场制造的产品，存在较多的非标准构件，不可能按照固定的模式进行安全生产，并且建筑业生产过程的低技术含量决定了从业人员的素质相对普遍较低，加之劳动和资本的密集、人员的流动性大，造成施工单位对施工人员的培训严重不足，使得施工人员违章操作现象时有发生。而当前的安全管理手段又比较单一，技术和管理水平相对落后，很多还是依赖经验、监管、安全检查等方式，所以建筑安全施工面临的问题较多。

除上述特点外，诸如自然环境的影响、露天作业、资源投入的限制、人员素质等也是影响建筑工程安全生产的因素。

4.1.2　影响建筑施工的不安全因素

施工现场的不安全因素较多，主要表现在以下四个方面：

1. 人的因素

人的不安全因素包括人的行为因素和非行为因素两类。

（1）人的不安全行为一般可分为 13 种类型：

1）操作失误、忽视安全、忽视警告；

2）造成安全装置失效；

3）使用不安全设备；

4）肢体代替工具操作；

5）物体存放不当；

6）冒险进入危险场所；

7）攀、坐不安全位置；

8）在起吊物下作业、停留；

9）在机器运转时进行检查、维修、保养等工作；

10）有分散注意力行为；

11）没有正确使用个人防护用品、用具；

12）不安全装束；

13）对易燃易爆等危险物品处理错误等。

（2）人的非行为不安全因素是指作业人员在生理、心理、能力上存在的，不能适应工作岗位要求的影响安全的因素，主要包括：

1）生理上的不安全因素，包括肢体、听觉、视觉、反应等感觉器官以及体能、年龄、疾病等不适合工作岗位要求的影响因素；

2）心理上的不安全因素，包括性格、气质和情绪等；

3）能力上的不安全因素，包括知识技能、操作技能、应变能力、资格等不适应工作岗位能力要求的影响因素。

2. 物的因素

物的不安全因素是指能导致事故发生的物质所存在的不安全因素，其主要类型有：

1）设备或机具防护装置欠缺或有缺陷；

2）个人防护用品、用具欠缺或有缺陷；

3）安全设施、工具、附件欠缺或有缺陷；

4）安全措施的不当；

5）安全技术的滞后或缺陷；

6）安全资金投入的不足等。

3. 环境的因素

环境的不安全因素是指能导致事故发生的环境中存在的不利于建筑施工的因素，主要包括以下方面：

1）各种自然因素的不利影响；

2）经常变化的作业场所；

3）立体交叉和高处作业的施工环境；

4）复杂多变的周围环境；

5）不利于施工的社会环境等。

4. 管理的因素

管理的不安全因素也称为管理缺陷，作为间接原因也是事故潜在的不安全因素，主要包括以下方面：

1）管理制度缺乏或不健全；

2）管理机构存在的缺陷或失职；

3）管理水平低下；

4）管理方法的缺陷；

5）安全教育的缺乏或不全面；

6）应急预案的缺乏或不完善；

7）安全检查制度的缺乏或不完善等。

4.1.3　保障建筑施工安全生产的对策

通过对许多安全事故的分析，一般认为安全事故的发生大多是以上几种因素共同作用的结果，这也遵循了量变与质变的规律。因此预防事故应同时采取以下措施：

1. 约束人的不安全因素

1) 贯彻落实安全生产责任制度：包括建筑施工单位各级、各部门和各类人员的安全生产责任制及各横向相关单位的安全生产责任。

2) 建立健全安全生产教育制度：包括企业、项目部、作业班组中全体人员的安全生产教育制度和技术交底制度。

3) 执行特种作业管理制度：包括特种作业人员的分类、培训、考试、取证及再教育等制度。

2. 消除物的不安全因素

1) 落实安全防护管理制度：包括落实土方开挖、基坑支护、脚手架工程、高处作业及料具存放等的安全防护要求等。

2) 选择安全、科学、经济、可行的施工方案和施工方法：包括施工的起点、流向、组织方式、施工方法、施工机具和各种措施等的确定，科学组织施工，针对不同的施工操作落实拟定的安全措施等。

3) 严格执行机械、设备安全管理制度：包括塔吊及各种施工机械的管理制度和操作规程等。

4) 严格执行施工用电安全管理制度：包括施工用电的安全管理、配电线路、配电箱、各类用电设备和照明等的安全技术要求。

3. 建立健全安全管理体系

通过危害源识别、安全风险评价和风险控制的动态管理，以及相关各方的信息交流，提高建筑施工企业的安全管理水平，把各类影响建筑施工的不安全因素控制在事前，使得建设工程按既定的目标得以实现。

4. 采取隔离防护措施

采取必要的措施（如各种劳动安全防护管理制度），使人的不安全因素与物的不安全因素不在同一时间和空间相遇，这也是杜绝事故发生的有效措施。

5. 采取有效的防范措施，避免或减轻环境因素对建筑施工的影响

通过深化施工组织设计，充分考虑各种可能给施工带来的不利环境因素的影响，有针对性地采取相应的技术和组织措施，并在施工中加以落实和及时改进。

4.2 建筑施工现场安全生产基本要求

经过多年工程实践经验的总结，我国工程建设行业制定了一系列行之有效的安全生产基本规章制度，主要有：

1. 安全生产六大纪律

（1）进入现场必须戴好安全帽，扣好帽带，并正确使用个人劳动防护用品；

（2）2m 以上的高处作业、悬空作业、临边作业等必须采取相应的安全措施；

（3）高处作业时，不准往下或向上乱抛材料和物品；

（4）各种电动机械设备必须有可靠有效的接零（地）和防雷装置，方可使用；

（5）不懂电气和机械的人员，严禁使用和摆弄机电设备；

（6）吊装区域非操作人员严禁入内，吊装机械必须完好，吊臂垂直下方严禁站人。

2. 施工现场"五要"

（1）施工要围挡；

（2）围挡要美化；

（3）防护要齐全；

（4）排水要有序；

（5）图牌要规范。

3. 施工现场"十不准"

（1）不准从正在起吊或吊运中的物件下通过；

（2）不准从高处往下跳或奔跑作业；

（3）不准在没有防护的外墙和外壁板等建筑物上行走；

（4）不准站在小推车等不稳定的物体上操作；

（5）不得攀登起重臂、绳索、脚手架、井字架、龙门架和随同运料的吊盘及吊装物上下；

（6）不准进入挂有"禁止入内"或设有危险警示标志的区域、场所；

（7）不准在重要的运输通道或上下行走通道上逗留；

（8）未经允许不准私自进入非本单位作业区域或管理区域，尤其是存有易燃易爆物品的场所；

（9）不准在无照明设施、无足够采光条件的区域、场所内行走、逗留和作业；

（10）不准无关人员进入施工现场。

4. 安全生产十大禁令

（1）严禁穿木屐、拖鞋、高跟鞋及不戴安全帽人员进入施工现场作业；

（2）严禁一切人员在提升架、提升机的吊篮下或吊物下作业、站立、行走；

（3）严禁非专业人员私自开动任何施工机械及驳接、拆除电线、电器；

（4）严禁在操作现场（包括车间、工地）玩耍、吵闹和从高处抛掷材料、工具、砖石等一切物件；

（5）严禁土方工程的掏空取土及不按规定放坡或不加支撑的深基坑开挖施工；

（6）严禁在不设栏杆或无其他安全措施的高处作业；

（7）严禁在未设安全措施的同一部位上同时进行上下交叉作业；

（8）严禁带小孩进入施工现场（包括车间、工地）作业；

（9）严禁在靠近高压电源的危险区域进行冒进作业及不穿绝缘鞋进行水磨石等作业，严禁用手直接提、拿灯头；

（10）严禁在有危险品、易燃易爆品的场所和木工棚、仓库内吸烟、生火。

5. 十项安全技术措施

（1）按规定使用"三宝"；

（2）机械、设备安全防护装置一定要齐全、有效；

（3）塔吊等起重设备必须有符合要求的安全保险装置，严禁带病运转、超载作业和使用中维护保养；

（4）架设用电线路必须符合相关规定，电气设备必须要有安全保护装置（接地、接零和防雷等）；

（5）电动机械和手动工具必须设置漏电保护装置；

（6）脚手架的材料及搭设必须符合相关技术规程的要求；

（7）各种缆风绳及其设施必须符合相关技术规程的要求；

（8）在建工程的桩孔口、楼梯口、电梯口、通道口、预留孔洞口等必须设置安全防护设施；

（9）严禁赤脚、穿拖鞋或高跟鞋进入施工现场，高处作业不准穿硬底鞋和带钉及易滑的鞋；

（10）施工现场的危险区域应设安全警示标志，夜间要设红灯警示。

6. 防止违章操作和事故发生的十项操作规定

（1）新工人未经三级安全教育，复工换岗人员和进入新工地人员未经安全教育，不得上岗操作；

（2）特殊工种人员和机械操作工等未经专门的安全培训，无有效的安全操作证书，严禁施工操作；

（3）施工环境和专业对象情况不清，施工前无安全措施和安全技术交底，严禁操作；

（4）新技术、新工艺、新设备、新材料、新岗位无安全措施，未进行安全培训教育和交底，严禁操作；

（5）安全帽、安全带等作业所必需的个人防护用品不落实，不盲目操作；

（6）脚手架、吊篮、塔吊、井字架、龙门架、外用电梯、起重机械、电焊机、钢筋机械、木工机械、搅拌机、打桩机等设施设备和现浇混凝土模板支撑，搭设安装后，未经相关人员验收合格，并签字认可，严禁操作；

（7）作业场所安全防护措施不落实，安全隐患不排除，威胁人身和财产安全时，严禁操作；

（8）凡上级或管理干部违章指挥，有冒险作业情况时，不盲目操作；

（9）高处作业、带电作业、禁火区作业、易燃易爆作业、爆破性作业、有中毒或窒息危险的作业和科研实验等其他危险作业的，均应由上级指派，并经安全交底，未经指派批准、未经安全交底和无安全防护措施，不盲目操作；

（10）隐患未排除，有伤害自己、伤害他人或被他人伤害的不安全因素存在时，不盲目操作。

7. 防止触电伤害的十项基本安全操作要求

（1）严禁私拆乱接电气线路、插头、插座、电气设备、电灯等；

（2）使用电气设备前必须检查线路、插头、插座、漏电保护装置是否完好；

（3）电气线路或机具发生故障时，应由电工处理，非电工不得自行修理或排除故障；对配电箱、开关箱进行检查、维修时，必须将其前一级相应的电源开关分闸断电，并悬挂停电标志牌，严禁带电作业；

（4）使用振捣器等手持电动机械和其他电动机械从事潮湿作业时，要由电工接好电源，安装漏电保护器，电压应符合要求，安全操作者必须穿戴好绝缘鞋、绝缘手套后再进行作业；

（5）搬迁或移动电气设备必须先切断电源；

（6）搬运钢筋、钢管及其他金属物时，严禁触碰到电线；

（7）禁止在电线上挂晒物料；

（8）禁止使用照明器取暖、烘烤，禁止擅自使用电炉等大功率电器和其他加热器；

（9）在架空输电线路附近施工时，应停止输电，不能停电时，应有隔离措施，并保持安全距离，防止触碰；

（10）电线不得在地面、施工楼面随意拖拉，若必须经过地面、楼面时，应有过路保护，人、车及物料不准踏、碾电线。

8. 起重吊装"十不吊"规定

（1）指挥信号不明或违章指挥不吊；

（2）超载或吊物重量不明不吊；

（3）吊物捆扎不牢或零星物件不用盛器堆放稳妥、叠放不齐不吊；

（4）吊物上有人或起重臂吊起的重物下面有人停留或行走不吊；

（5）安全装置不灵不吊；

（6）埋在地下的物件不吊；

（7）光线阴暗、视线不清不吊；

（8）棱角物件无防护措施不吊；

（9）歪拉斜挂物件不吊；

（10）6级以上强风作业不吊。

9. 防止机械伤害的"一禁、二必须、三定、四不准"

（1）严禁不懂电器和机械的人员使用和摆弄机电设备；

（2）机电设备应完好，必须有可靠有效的安全防护装置；

（3）机电设备停电、停工休息时，必须拉闸关机，开关箱按要求上锁；

（4）机电设备应做到定人操作、定人保养、定人检查；

（5）机电设备应做到定机管理、定期保养；

（6）机电设备应做到定岗位和岗位职责；

（7）机电设备不准带病运转；

（8）机电设备不准超负荷运转；

（9）机电设备不准在运转时维修保养；

（10）机电设备运行时，不准操作人员将手、头、身体伸入运转的机械行程范围内。

10. 气割、气焊的"十不烧"

（1）焊工必须持证上岗，无金属焊接、切割特种作业证书的人员，不准进行气割气焊作业；

（2）凡属一、二、三级动火范围的气割、气焊，未经办理动火审批手续，不准进行气割、气焊；

（3）焊工不了解气割、气焊现场周围的情况，不准进行气割、气焊；

（4）焊工不了解焊件内部是否安全时，不准进行气割、气焊；

（5）各种装过可燃性气体、易燃易爆液体和有毒物质的容器，未经彻底清洗或采取有效的安全防护措施之前，不准进行气割、气焊；

（6）用可燃材料作保温层、冷却层、隔热层的部位，或火星能溅到的地方，在未采取切实可靠的安全措施之前，不准气割、气焊；

（7）气割、气焊部位附近有易燃易爆物品，在未作清理或采取有效的安全措施之前，不准气割、气焊；

（8）有压力或封闭的管道、容器，不准气割、气焊；

（9）附近有与明火作业相抵触的工种作业时，不准气割、气焊；

（10）与外单位相连的部位，在没有弄清险情，或明知存在危险而未采取有效的安全防范措施之前，不准气割、气焊。

11. 防止车辆伤害的十项基本安全操作规定

（1）未经劳动、公安部门培训合格并持证上岗或不熟悉车辆性能的人员，严禁驾驶车辆；

（2）应坚持做好车辆的日常保养工作，车辆制动器、喇叭、转向系统、灯光等影响安全的部件如运作不良，不准出车；

（3）严禁翻斗车、自卸车车厢乘人，严禁人货混装，车辆载货应不超载、超高、超宽，捆扎应牢固可靠，应防止车内物体失稳跌落伤人；

（4）乘坐车辆应坐在安全处，头、手、身不得露出车厢外，要避免车辆启动、制动时跌倒；

（5）车辆进出施工现场，在场内掉头、倒车，在狭窄场地行驶时应有专人指挥；

（6）车辆进入施工现场要减速，并做到"四慢"：道路情况不明要慢，线路不良要慢，起步、会车、停车要慢，在狭路、桥梁、弯路、坡路、岔道、行人拥挤地点及出入大门时要慢；

（7）在邻近机动车道的作业区和脚手架等设施，以及在道路中的路障应加设安全色标、安全标志和防护措施，并要确保夜间有充足的照明；

（8）装卸车作业时，若车辆停在坡道上，应在车轮两侧用楔形木块加以固定；

（9）人员在场内机动车道应避免右侧行走，并做到不并排结队而行；避让车辆时，禁止避让于两车交会之中，不站于旁有堆物无法退让的死角；

（10）机动车辆不得牵引无制动装置的车辆，牵引物体时物体上不得有人，人不得进入正在牵引的物与车之间；坡道上牵引时，车和被牵引物下方不得有人停留和作业。

4.3 安全生产的"三宝"

建设工程安全生产的"三宝"是指安全帽、安全带和安全网。安全帽是用来保护使用者的头部、减轻撞击伤害的个人用品；安全带是用来预防高处作业人员坠落的个人防护用具；安全网是用来防止人、物坠落而伤人的防护设施。经过多年的实践经验证明，正确使用、佩戴建设工程的"三宝"，是降低建筑施工伤亡事故的有效措施。

4.3.1 安全帽

通过对发生物体打击事故的分析，由于不正确佩戴安全帽而造成的伤害事故占事故总数的 90% 以上，所以，选择品质合格的安全帽，并且正确地佩戴，是预防伤害事故发生的有效措施。

当前安全帽的产品类别很多，制作安全帽的材料一般有塑料、橡胶、竹、藤等。但无论选择哪一类的安全帽，均应满足相关的安全要求。

1. 安全帽的技术要求

任何一类安全帽，均应满足以下要求：

（1）标志和包装。

1）每顶安全帽应有制造厂名称、商标、型号，制造年、月，生产合格证和验证，生产许可证编号四项永久性标志。

2）安全帽出厂装箱，应将每顶帽用纸或塑料薄膜做衬垫包好再放入纸箱内。装入箱中的安全帽必须是成品。

3）箱上应注有产品名称、数量、重量、体积和其他注意事项等标记。

4）每箱安全帽均要附说明书。

（2）安全帽的组成。安全帽应由帽壳、帽衬、下颚带、后箍等组成。

1）帽壳。安全帽的帽壳包括帽舌、帽檐、顶筋、透气孔、插座、连接孔及下颚带插座等。

①帽舌：帽壳前部伸出的部分。

②帽檐：帽壳除帽舌外周围伸出的部分。

③顶筋：用来增强帽壳顶部强度的部分。

④透气孔：帽壳上开的气孔。

⑤插座：帽壳与帽衬及附件连接的插入结构。

⑥连接孔：连接帽衬和帽壳的开孔。

2）帽衬。帽壳内部部件的总称，包括帽箍、托带、护带、吸汗带、拴绳、衬垫、后箍及帽衬接头等。

①帽箍：绕头围部分起固定作用的带圈。

②托带：与头顶部直接接触的带子。

③护带：托带上面另加的一层不接触头顶的带子，起缓冲作用。

④吸汗带：包裹在帽箍外面的带状吸汗材料。

⑤拴绳（带）：连接托带和护带、帽衬和帽壳的绳（带）。

⑥衬垫：帽箍和帽壳之间起缓冲作用的垫。

⑦后箍：在帽箍后部加有可调节的箍。

⑧帽衬接头：连接帽衬和帽壳的接头。

3）下颚带。系在下颚上的带子。

4）锁紧卡。调节下颚带长短的卡具。

5）插接。帽壳和帽衬采用插合连接的方式。

6）拴接。帽壳和帽衬采用拴绳连接的方式。

7）铆接。帽壳和帽衬采用铆钉铆合的方式。

（3）安全帽的结构形式。

1）帽壳顶部应加强，可以制成光顶或有筋结构。帽壳制成无沿、有沿或卷边。

2）塑料帽衬应制成有后箍的结构，能自由调节帽箍大小。

3）无后箍帽衬的下颚带制成"Y"形，有后箍的，允许制成单根。

4）接触头前额部的帽箍，要透气、吸汗。

5）帽箍周围的衬垫，可以制成条形，或块状，并留有空间使空气流通。

（4）尺寸要求。

1）帽壳内部：长为195～250mm；宽为170～220mm；高为120～150mm。

2）帽舌：10～70mm。

3）帽檐：0～70mm，向下倾斜度0°～60°。

4）透气孔隙：帽壳上的打孔，总面积不少于400mm²，特殊用途不受此限。

5）帽箍：分三个型号，1号为610～660mm；2号为570～600mm；3号为510～560mm。帽箍，可以分开单做，也可以通用。

6）垂直间距：塑料衬垂直间距为25～50mm；棉织或化纤带垂直间距为30～50mm。

7）佩戴高度：80～90mm。

8）水平间距：5～20mm。

9）帽壳内周围突出物高度不超过6mm，突出物周围应有软垫。

（5）重量。

1）小檐、卷边安全帽不超过430g（不包括附件）；

2）大檐安全帽不超过460g（不包括附件）；

3）防寒帽不超过690g（不包括附件）。

（6）安全帽的力学性能。

安全帽应当满足以下力学性能检验：

1）耐冲击。检验方法是将安全帽在50℃、－10℃的温度下，或用水浸处理后，将 50kg 的钢锤自 1m 高处自由落下，冲击安全帽，若安全帽不破坏即为合格。试验时，最大冲击力不应超过 5kN，因为人体的颈椎最大只能承受 5kN 的冲击力，超过此力就易受伤害。

2）耐穿透。检验方法是将安全帽置于 50℃、−10℃ 的温度下，或用水浸处理后，用 3kg 的钢锥，自安全帽的上方 1m 的高处自由落下，钢锥若穿透安全帽，但不触及头皮即为合格。

3）耐低温性能良好。要求在 −10℃ 以下的环境中，安全帽的耐冲击和耐穿透性能不变。

4）侧向刚度。要求以《安全帽测试方法》（GB/T 2812—2006）的规定进行试验，最大变形不超过 40mm，残余变形不超过 15mm。

施工企业安全技术部门根据以上规定对新购买及到期的安全帽，要进行抽查测试，合格后方可继续使用，以后每年至少抽验一次，抽验不合格则该批安全帽即报废。

（7）采购和管理。

1）安全帽的采购。企业必须购买有产品检验合格证的产品，购入的产品经验收后，方准使用。

2）安全帽不应贮存在酸、碱、高温、日晒、潮湿等环境，更不可和硬物放在一起。

3）安全帽的使用期限。从产品制造完成之日计算，植物枝条编织帽不超过两年；塑料帽、纸胶帽不超过两年半；玻璃钢（维纶钢）橡胶帽不超过三年半。

2. 安全帽的正确佩戴

（1）进入施工现场必须正确佩戴安全帽。

（2）首先要选择与自己头型适合的安全帽，佩戴安全帽前，要仔细检查合格证、使用说明、使用期限，并调整帽衬尺寸，其顶端与帽壳内顶之间必须保持 20～50mm 的空间。

（3）佩戴安全帽时，必须系紧下颚系带，防止安全帽失去作用。不同头型或冬季佩戴的防寒安全帽，应选择合适的型号，并及时调节帽箍，注意保留帽衬与帽壳的距离。

（4）不能随意对安全帽进行拆卸或添加附件，以免影响其原有的防护性能。

（5）佩戴一定要戴正、戴牢，不能晃动，防止脱落。

（6）安全帽在使用过程中会逐渐损坏，所以要经常进行外观检查。如果发现帽壳与帽衬有异常损伤或裂痕，或帽衬与帽壳内顶之间水平垂直间距达不到标准要求的，就不能继续使用，应当更换新的安全帽。

（7）安全帽不用时，需放置在干燥通风的地方，远离热源，不要受日光的直射，这样才能确保在有效使用期内的防护功能不受影响。

（8）注意使用期限，到期的安全帽要进行检验，符合安全要求才能继续使用，否则必须更换。

（9）安全帽只要受过一次强力的撞击，就无法再次有效吸收外力，有时尽管外表上看不到任何损伤，但是内部已经遭到损伤，不能继续使用。

4.3.2 安全带

建筑施工中的攀登作业、悬空作业、吊装作业、钢结构安装等，均应按要求系安全带。

1. 安全带的组成及分类

（1）组成。安全带是预防高处作业工人坠落事故的个人防护用品，由带子、绳子和金属配件等组成，总称安全带。适用于围杆、悬挂、攀登等高处作业用，不适用于消防和吊物。

（2）分类。安全带按使用方式，分为围杆作业安全带（代号W）、区域限制安全带（代号Q）和坠落悬挂安全带（代号Z）三类。

围杆作业安全带适用于电工、电信工、园林工等杆上作业。主要品种有电工围杆带单腰带式、电工围杆带防下脱式、通用Ⅰ型围杆绳单腰带式、通用Ⅱ型围杆绳单腰带式、电信工围杆绳单腰带式和牛皮电工保安带等。

区域限制安全带主要是指如汽车、悬索等使用的安全带。

坠落悬挂安全带适用于建筑、造船、安装、维修、起重、桥梁、采石、矿山、公路及铁路调车等高处作业。其式样较多，按结构分为单腰带式、双背带式、攀登式三种。其中单腰带式有架子工Ⅰ型悬挂安全带、架子工Ⅱ型悬挂安全带、铁路调车工悬挂安全带、电信工悬挂安全带、通用Ⅰ型悬挂安全带、通用Ⅱ型悬挂自锁式安全带等六个品种；双背带式有通用Ⅰ型悬挂双背带式安全带、通用Ⅱ型悬挂双背带式安全带、通用Ⅲ型悬挂双背带式安全带、通用Ⅳ型悬挂双背带式安全带、全丝绳安全带等五个品种；攀登式有通用Ⅰ型攀登活动带式安全带、通用Ⅱ型攀登活动式安全带和通用攀登固定式等三个品种。

2. 安全带的技术要求

按照《安全带》(GB 6095—2009) 的要求：

(1) 安全带和安全绳必须用锦纶、维纶、蚕丝料等制成；电工围杆可用黄牛革带；金属配件用普通碳素钢或铝合金钢；包裹绳子的套则采用皮革、维纶或橡胶等。

(2) 安全带、绳和金属配件的破断负荷指标应满足相关国家标准的要求。

(3) 腰带必须是一整根，其宽度为 40～50mm，长度为 1300～1600mm，附加小袋 1 个。

(4) 护腰带宽度不小于 80mm，长度为 600～700mm。带子在触腰部分垫有柔软材料，外层用织带或轻革包好，边缘圆滑无角。

(5) 带子颜色主要采用深绿、草绿、橘红、深黄，其次为白色等。缝线颜色必须与带子颜色一致。

(6) 安全绳直径不小于 13mm，捻度为 (8.5～9) /100（花/mm）。吊绳、围杆绳直径不小于 16 mm，捻度为 7.5/100。电焊工用悬挂绳必须全部加套，其他悬挂绳只是部分加套，吊绳不加套。绳头要编成 3～4 道加捻压股插花，股绳不准有松紧。

(7) 金属钩必须有保险装置（铁路专用钩例外）。自锁钩的卡齿用在钢丝绳上时，硬度为洛氏 HRC60。金属钩舌弹簧有效复原次数不少于 20000 次。钩体和钩舌的咬口必须平整，不得偏斜。

(8) 金属配件圆环、半圆环、三角环、8 字环、品字环、三道联等不许焊接，边缘应呈圆弧形。调节环只允许对接焊。金属配件表面要光洁，不得有麻点、裂纹，边缘呈圆弧形，表面必须防锈。不符合上述要求的配件，不准装用。

3. 安全带检验

安全带及其金属配件、带、绳必须按照《安全带》 （GB 6095—2009）的相关要求进行测试，并符合安全带、绳和金属配件的破断负荷指标。

围杆安全带以静负荷 4500N，做 100mm/min 的拉伸速度测试时，应无破断；悬挂、攀登安全带以 100 kg 重量检验，自由坠落，做冲击试验，应无破断；架子工安全带做冲击试验时，应模拟人形并且腰带的悬挂处要抬高 1m；自锁式安全带和速差式自控器以 100 kg重量做坠落冲击试验，下滑距离均不大于 1.2m；用缓冲器连接的安全带在 4m 冲距内，以 100kg 重量做冲击试验，应不超过 9000N。

4. 使用和保管

《安全带》（GB6095—2009）对安全带的使用和保管作了严格要求：

（1）安全带应高挂低用，注意防止摆动碰撞。使用 3m 以上长绳应加缓冲器，自锁钩所用的吊绳则例外。

（2）缓冲器、速差式装置和自锁钩可以串联使用。

（3）不准将绳打结使用，也不准将挂钩直接挂在安全绳上使用，应挂在连接环上使用。

（4）安全带上的各种部件不得任意拆除，更换新绳时要注意加绳套。

（5）安全带使用两年后，按批量购入情况，抽验一次。围杆安全带做静负荷试验，以 2206N 拉力拉伸 5mm，如无破断方可继续使用；悬挂安全带冲击试验时，以 80kg 重量做自由坠落试验，若不破断，该批安全带可继续使用。对抽试过的样带，必须更换安全绳后才能继续使用。

（6）使用频繁的绳，要经常进行外观检查，发现异常时，应立即更换新绳。

（7）安全带的使用期为 3~5 年，发现异常应提前报废。

4.3.3 安全网

安全网是用来防止人、物坠落，或用来避免、减轻坠落及物击伤害的网具。

1. 安全网的组成

安全网一般由网体、边绳、系绳、筋绳等部分组成。

（1）网体：由单丝、线、绳等经编织或采用其他成网工艺制成的，构成安全网主体的网状物。

（2）边绳：沿网体边缘与网体连接的绳索。

（3）系绳：把安全网固定在支撑物上的绳索。

（4）筋绳：为增加安全网强度而有规则地穿在网体上的绳索。

2. 分类和标记

（1）分类：根据功能，产品分为三类。

1）平网：安装平面不垂直水平面，用来防止人或物坠落的安全网。

2）立网：安装平面垂直水平面，用来防止人或物坠落的安全网。

3）密目式安全立网：网目密度不低于 800 目/100cm²，垂直于水平面安装，用于防止人员坠落及坠物伤害的网，一般由网体、开眼环扣、边绳和附加系绳等组成。

（2）产品标记：由名称、类别、规格和标准代号四部分组成，字母 P、L、ML 分别代表平网、立网及密目式安全立网。如：宽 3m，长 6m 的锦纶平网标记为 P—3×6 GB 5725；宽 1.8m，长 6m 密目式安全立网标记为 ML—1.8×6 GB 16909。

3. 技术要求

（1）安全网可采用锦纶、维纶、涤纶或其他的耐候性不低于上述品种耐候性的材料制成。丙纶因为性能不稳定，应严禁使用。

（2）同一张安全网上的同种构件的材料、规格和制作方法须一致，外观应平整。

（3）平网宽度不得小于 3m，立网宽（高）度不得小于 1.2m，密目式安全立网宽（高）度不得小于 1.2m。产品规格偏差应在 ±2% 以下。每张安全网重量一般不宜超过 15kg。

（4）菱形或方形网目的安全网，其网目边长不大于 80mm。

（5）边绳与网体连接必须牢固，平网边绳断裂强力不得小于 7000N；立网边绳断裂强力不得小于 3000N。

（6）系绳沿网边均匀分布，相邻两系绳间距应符合平网 ≤ 0.75m；立网 ≤0.75m；密目式≤0.45m，且长度不小于 0.8m 的规定。当筋绳、系绳合一使用时，系绳部分必须加长，且与边绳系紧后，再折回边绳系紧，至少形成双根。

（7）筋绳分布应合理，平网上两根相邻筋绳的距离不小于 300mm，筋绳的断裂强力不小于 3000N。

（8）网体（网片或网绳线）断裂强力应符合相应的产品标准。

（9）安全网所有节点必须固定。

（10）应按规定的方法进行验收，平网和立网应满足外观、尺寸偏差、耐候性、抗冲击性能、绳的断裂强力、阻燃性能等要求，密目网应满足外观、尺寸偏差、耐贯穿性能、耐冲击性能等要求。

（11）阻燃安全网必须具有阻燃性，其续燃、阻燃时间均不得小于 4s。

4. 检验方法

（1）耐候性能试验按《机械工业产品用塑料、涂料、橡胶材料人工气候老化试验方法　荧光紫外灯》（GB/T 14522—2008）的有关规定进行。

（2）外观检验采用目测。

（3）规格与网目边长采用钢卷尺测量（精度不低于 1 mm），重量采用秤测定（精度不低于 0.05kg）。

（4）绳的断裂强力试验按《绳索有关物理和机械性能的测定》（GB 8834—2006）的规定进行。

（5）冲击试验按《安全网》（GB 5725—2009）的规定进行。

（6）平网和立网的阻燃性试验按《塑料燃烧性能测定》（GB/T 2408—2008）的规定进行（试验绳直径不大于 7mm）。

5. 标志、包装、运输、贮存

（1）产品标志。产品标志包括产品名称及分类标记；网目边长；制造厂名、厂址；商标；制造日期（或编号）或生产批号；有效期限；其他按有关规定必须填写的内容如生产许可证编号等内容。

（2）产品包装。每张安全网宜用塑料薄膜、纸袋等独立包装，内附产品说明书、出厂检验合格证及其他按有关规定必须提供的文件（如安全鉴定证书等）。外包装可采用纸箱、丙纶薄膜袋等，上面应有产品名称、商标；制造厂名、地址；数量、毛重、净重和体积；制造日期或生产批号；运输时应注意的事项等标记。

（3）运输及贮存。安全网在运输、贮存中，必须通风、避光、隔热，同时避免化学物品的侵袭，袋装安全网在搬运时，禁止使用钩子。贮存期超过两年者，按 0.2% 抽样，不足 1000 张时抽样 2 张进行冲击试验，符合要求后方可销售或使用。

6. 安装时的注意事项

（1）安全网上的每根系绳都应与支架系结，四周边绳（边缘）应与支架贴紧，系结应符合打结方便、连接牢固、容易解开以及工作中受力后不会散脱的原则。有筋绳的安全网安装时还应把筋绳连接在支架上。

（2）平网网面不宜绷得过紧，当网面与作业面高度差大于 5m 时，其伸出长度应大于 4m，当网面与作业面高度差小于 5m 时，其伸出长度应大于 3m，平网与下方物体表面的最小距离应不小于 3m。两层平网间距离不得超过 10m。

（3）立网网面应与水平面垂直，并与作业面边缘最大间隙不超过 100mm。

（4）安装后的安全网应经专人检验后，方可使用。

7. 使用

（1）使用时，不得随便拆除安全网的构件，人不得跳进或把物品投入安全网内，不得将大量焊接或其他火星落入安全网内。

（2）不得在安全网内或下方堆积物品；安全网周围不得有严重腐蚀性烟雾。

（3）对使用中的安全网，应进行定期或不定期的检查，并及时清理网上落物污染，当受到较大冲击后应及时更换。

（4）安全网使用 3 个月后，应对系绳进行强度检验。

（5）安全网应由专人保管发放，暂时不用的应存放在通风、避光、隔热、无化学品污染的仓库或专用场所。

参考文献

[1] 吴承霞. 建筑力学与结构［M］. 北京：北京大学出版社，2009.

[2] 杨太生. 建筑结构基础与识图［M］. 北京：中国建筑工业出版社，2008.

[3] 住房和城乡建设部. 混凝土结构设计规范：GB 50010—2010［S］. 北京：中国建筑工业出版社，2011.

[4] 住房和城乡建设部. 建筑地基基础设计规范：GB 50007—2011［S］. 北京：中国建筑工业出版社，2011.

[5] 住房和城乡建设部. 建筑桩基技术规范：JGJ94—2008［S］. 北京：中国建筑工业出版社，2008.

[6] 住房和城乡建设部. 建筑结构荷载规范：GB 50009—2012［S］. 北京：中国建筑工业出版社，2012.

[7] 建设部，国家质量监督检验检疫总局. 建筑结构可靠度设计统一标准：GB 50068—2001［S］. 北京：中国建筑工业出版社，2001.

[8] 住房和城乡建设部，国家质量监督检验检疫总局. 建筑抗震设计规范：GB 50011—2010［S］. 北京：中国建筑工业出版社，2010.

[9] 住房和城乡建设部. 砌体结构设计规范：GB 50003—2011［S］. 北京：中国建筑工业出版社，2011.

[10] 住房和城乡建设. 高层建筑混凝土结构技术规程：JGJ 3—2010［S］. 北京：中国建筑工业出版社，2010.

[11] 高琼英. 建筑材料 [M]. 武汉:武汉理工大学出版社，2006.

[12] 张友肠. 材料员专业事务 [M]. 北京:中国建筑工业出版社，2007.

[13] 卢传贤. 土木工程制图 [M]. 北京:中国建筑工业出版社，2004.

[14] 刘志杰，张素敏，等. 土木工程制图 [M]. 北京:中国建材工业出版社，2004.

[15] 吴书琛. 建筑识图与构造 [M]. 北京:高等教育出版社，2002.

[16] 赵研. 建筑识图与构造 [M]. 北京:中国建筑工业出版社，2003.

[17] 赵研. 房屋建筑学 [M]. 北京:高等教育出版社，2002.

[18] 张小平，等. 建筑识图与房屋构造 [M]. 武汉:武汉理工大学出版社，2005.

[19] 李必瑜. 建筑构造（上册）[M]. 北京:中国建筑工业出版社，2000.

[20] 刘建荣. 建筑构造（下册）[M]. 北京:中国建筑工业出版社，2000.